針広混交林を目指す
市町村森林経営管理の施業

佐藤 保 著
Tamotsu Sato

林業改良普及双書 No.197

はじめに

2019（平成31）年4月より、林業の成長産業化の実現と森林資源の適正な管理の両立を図る、「森林経営管理制度」が始まりました。この制度では、経営管理が行われていない森林について、市町村が仲介役となり森林所有者と担い手を繋ぐ仕組みを構築することになっています。中でも林業経営に適さない森林については、市町村が自ら管理することになり、育成単層林を「複層林化その他の方法」によって経営管理することが求められています。この部分を更に具体的に考えると、育成単層林（針葉樹人工林）に広葉樹を混交させて、針広混交林へと誘導する管理、いわゆる「広葉樹林化」が選択肢のひとつになるでしょう。

管理主体となる市町村ですが、森林・林業を専門とする人員が十分ではない実態からも、経営管理を行うには非常に厳しい状況にあることでしょう。加えて人工林の広葉樹林化は、通常の針葉樹人工林の施業とは異なることから、十分な情報が得られないのが実情だと思います。

そこで本書は、針葉樹人工林の広葉樹林化について、基本的な考え方と施業方法について取り上げることにしました。そのため、本書は大きく4つの章によって構成されています。まず、第1章では、森林経営管理制度が策定されるに至った背景とその中で扱われる育成複層林への転換の意味について整理をします。第2章では、森林管理に取り組む上で基本的な考え方である「森づくり」について、その意味や理論の背景にあるものを解説します。第3章では、森づくりを進める上で欠かすことのできない考えである「目標林型」について説明をします。最後の第4章では、育成単層林（針葉樹人工林）を育成複層林へと転換する、いわゆる「広葉樹林化」について、広葉樹天然更新の科学的な知見に基づいて説明をします。

新たな森林経営管理制度をきっかけに地域の森林が健全なものとなり後世に引き継がれることを期待していますが、一方で同制度において、市町村の担当の方の負担が少なからず多くなることでしょう。本書の内容が市町村をはじめとする地域の森林管理に少しでもお役に立てば幸いです。

２０２１年１月

佐藤　保

目次

2章　森づくりを考えるための基礎知識

4章 針葉樹人工林の広葉樹林化

1章

森づくりから見た
新たな森林経営管理制度

日本の森林は豊かなのか？

日本の森林・林業の現状

日本の森林面積は、国土の68.5％にも達し[*1]、先進国の中では世界有数の森林国です。その内、約4割に相当する1020万haは人工林で第二次世界大戦直後や高度経済成長期に植林されたものが多く含まれています。このため、多くの人工林が一般的な主伐期である50年生を超え、本格的な利用期を迎えていると言えます。また、蓄積を見ても増加傾向にあり、森林資源は充実化しています。世界の森林面積の減少が止まらない中、日本は森林に恵まれた国と言えるでしょう。

その一方で、山村の過疎化は進み、林業に従事する労働者も高齢化と減少の一途を辿っています。近年の林業の動向について、『令和元年版　森林・林業白書』では以下のようにまとめています。

『わが国の林業は、長期にわたり木材価格の下落等の厳しい状況が続いてきたが、近年は国産材の生産量の増加、木材自給率の上昇など、活力を回復しつつある。また、林業の持続的かつ健全な発展を図るため、施業の集約化や林業労働力の確保・育成等に向けた取組が進められている。』

生産性の向上や木材自給率の上昇など明るい兆しはあるものの、まだまだ解決すべき問題が多々あるというのが現状かと思います。

(＊1)国際連合食糧農業機関（ＦＡＯ）の「世界森林資源評価（ＦＲＡ）２０１５」の森林率の値。林野庁が公表している２０１７（平成29）年度の森林率は67％となっている。両者の数字の違いは、森林面積に湖沼を含めるか否かという算出根拠の違いによるものである。

森林の適正な整備に向けて

２０１６（平成28）年に策定された「森林・林業基本計画」では、その冒頭で森林は多面的機能を有しており、その発揮を通じて国民生活にさまざまな恩恵もたらす「緑の社会資本」であるとしています。森林・林業に携わる者として、この緑の社会資本を損なうことなく、いかに後世に引き継いでいけるのか、責任のある行動が求められているはずです。

森林・林業基本法では「林業の持続的かつ健全な発展」を図ることが述べられていますが、その実現に向けていくつかの目標が設定されています。拡大造林の時代、奥地にまで及んだ針葉樹人工林の造林は、結果的に手入れ不足の人工林を多く生むことになりました。先に述べた森林面積や蓄積といった量を示す数字は充実しているものの、個々の林分の質という点からは、決して良い状態ではないと言えるでしょう。林業従事者の減少と高齢化は明らかであり、過去に見られた人手をかけた手入れを全ての人工林に期待するのは非現実的です。経済的に有利な林分を選択し、限られた労働力と資金を集中させるという判断は自然な流れでしょう。

表1-1は、「森林・林業基本計画」（2016（平成28）年策定）における森林の有する多面的機能の発揮に関する目標が示されたものです。2035年までの目標だけでなく、参考として最終的に指向する森林の状態が示されています。注目すべきは、木材生産を目的とした、「育成単層林」の面積を最終的には6割程度に減じ、「育成複層林」を増やす方向になっています。緩傾斜や生産性の高い立地などの環境条件や集落からの距離などの社会的条件の良い林分では

表1-1　「森林・林業基本計画」における森林の有する多面的機能の発揮に関する目標

	平成27（2015）年	目標とする森林の状態			（参考）指向する森林の状態
		2020年	2025年	2035年	
森林面積（万ha）					
育成単層林	1,030	1,020	1,020	990	660
育成複層林	100	120	140	200	680
天然生林	1,380	1,360	1,350	1,320	1,170
合　計	2,510	2,510	2,510	2,510	2,510

注1：森林面積は、10万ha単位で四捨五入している。
　2：目標とする森林の状態及び指向する森林の状態は、2015（平成27）年を基準として算出している。
　3：2015（平成27）年の値は、2015（平成27）年4月1日の数値である。
「森林・林業基本計画」（2016（平成28）年5月）をもとに作成

経済性を重視した従来通りの育成単層林の施業を行いつつ、これらの条件に当てはまらない場所では、多面的機能をよりいっそう重視し、育成複層林への転換を図ることになります（図1-1）。

今、私たちに求められていること

森林経営管理制度による森づくり

天然資源の乏しいわが国では、森林は循環利用できる、数少ない貴重な資源であり、適正な管理がなされるべきです。しかし、現実には、所有者や境界が不明確なことや、森林所有者の経営意欲の低下などさまざまな問題が絡み合って、手入れの行き届い

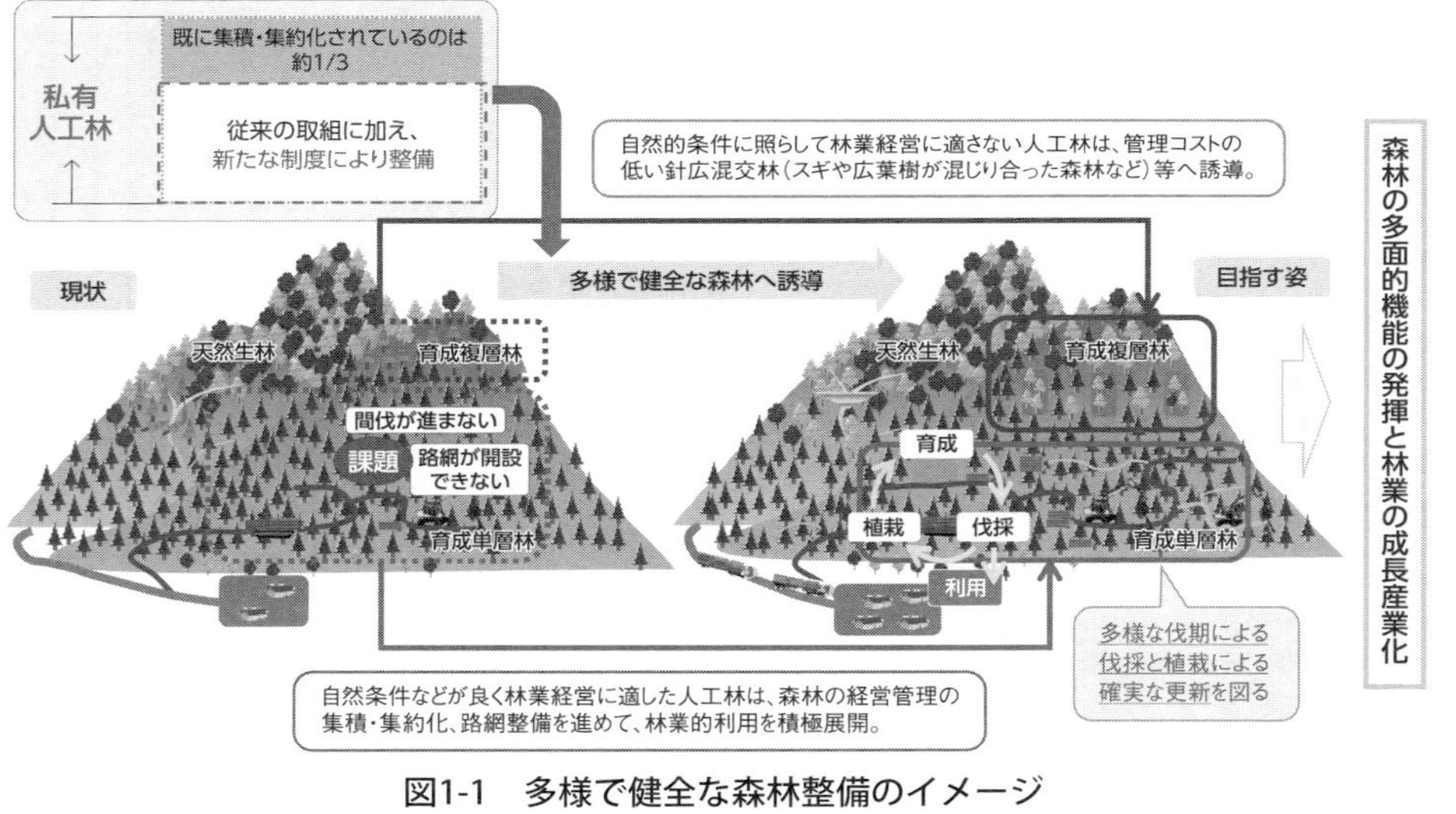

図1-1　多様で健全な森林整備のイメージ

出典：令和元年版 森林・林業白書　林野庁編

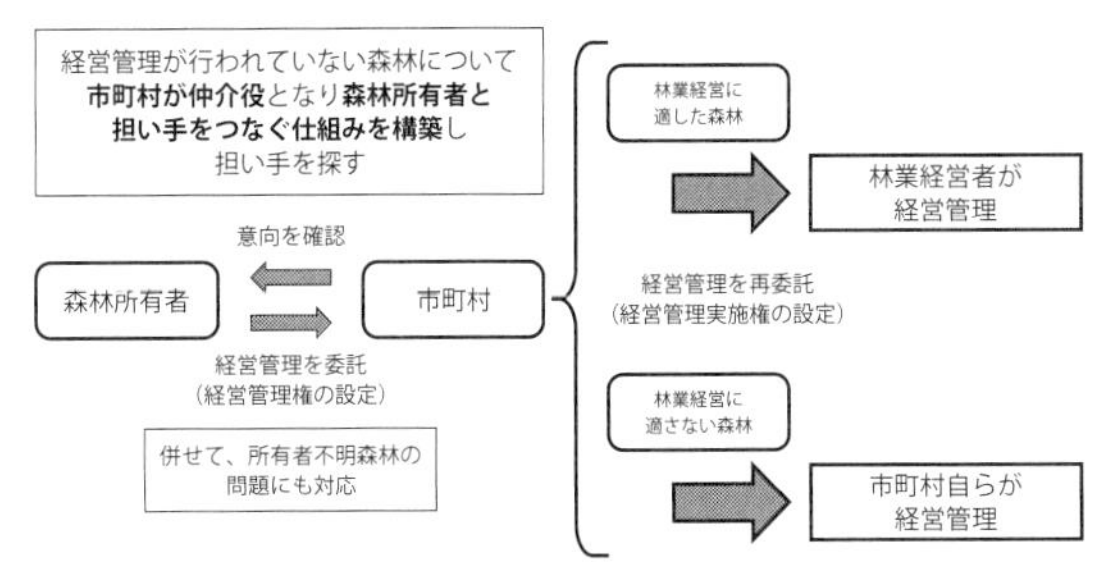

図1-2　森林経営管理制度の全体図

林野庁森林利用課「森林経営管理制度に係る事務の手引」をもとに作成

ていない森林が多くなっています。これらの問題を解決するひとつの策として、2019（平成31）年4月に新たな森林経営管理法が施行され、森林経営管理制度、いわゆる新たな森林管理システムがスタートしました。[*2]森林の経営は、森林所有者が自ら実施、または民間事業者等に委託して実施してきたわけですが、森林経営管理制度では、経営管理が行われない森林について、市町村が森林所有者から受託して経営管理を図る仕組みになっています（図1-2）。制度の概要や市町村での先導的な取り組みについては、「林業改良普及双書No.194　市町村と森林経営管理制度」（全国林業改良普及協会）にて説明がなされているので、参照してください。

この制度では市町村が森林所有者から受託した森林のうち、林業経営に適した森林は、市町村から意欲のある事業体に経営を委ねることになります。これら、いわゆる「経

表1-2　森林経営管理制度により期待される効果

市町村 （地域全体）	○地域の森林所有者の所在や意向を確認することにより、行政上必要な基本情報を整理できる。 ○林業経営が可能であるにもかかわらず、経営管理されずに放置されていた森林が経済ベースで活用され、地域経済の活性化に寄与。 ○間伐手遅れ林の解消や伐採後の再造林が促進され、土砂災害等の発生リスクが低減し、地域住民の安全・安心に寄与。
森林所有者	○市町村が介在してくれることにより、長期的に安心して所有森林を任せられる。 ○林業経営者が、所有森林の経営管理を行うことにより、所有森林からの収益の確保が期待できる。
地域の林業経営者	○多数の所有者と長期かつ一括した契約が可能となり、経営規模や雇用の安定・拡大につながる。 ○これまで手がつけられなかった所有者不明森林も整備が出来るようになり、間伐等の施業や路網の整備が効率的に実施できる。

出典：林野庁「森林経営管理法（森林経営管理制度）について　～林業の成長産業化と森林資源の適切な管理の両立に向けて～」（令和２年４月）

営管理実施権」が設定された森林では、保育経費の低コスト化やICT技術の導入などを積極的に導入することで「伐って、使って、植える」という森林資源の循環利用への貢献が求められることでしょう。一方で自然条件に照らして林業経営に適さない人工林を、管理コストの低い針広混交林等へ誘導することが求められており、その実施主体を市町村が担うことになっています。この考え方は、前節で示した育成複層林への誘導を指向した目標と合致するものです。また、表1-2に示したように、適正な管理がされることで、地域経済の活性化や土砂災害のリスク軽減など、多岐にわたるメリットが生じることが期待されます。

（＊2）森林経営管理法では、第33条2項に「複層林化その他の方法により」と記されており、管理コストについては言及されていない。自然条件に照らし合わせて、経済的に成り立たない人工林（育成単層林）は、針広混交林などの複層林（育成複層林）に誘導することになる。

本書で扱う内容

表1-1にも明確に示された育成複層林の面積ですが、現実には、2016（平成28）年に策

定された森林・林業基本計画で育成複層林への誘導がそれまで策定された計画よりも遅れていることが示されており、その誘導が簡単ではないことがわかります。この新しい森林経営管理制度が契機となり、自然条件に応じた森林整備と管理が進むことが期待されるのですが、実務を担当する市町村の負担は少なからず大きくなるでしょう。林業の成長産業化を目指し、これまでに保育経費の低コスト化を中心とした技術開発研究が実施され、それらの結果をまとめた普及書も発行されています。市町村の担当者の方がこれら普及書より得られる技術情報（施業方法）は、林業経営に適した人工林に大いに活用できるものでしょう。一方で、林業経営に適さない森林に対しては、十分な技術的な情報がないのが実情です。そこで本書では、林業経営に適さない森林（育成単層林）に対して、森林経営管理制度が求めている、針広混交林等の育成複層林へ誘導するための施業、いわゆる「広葉樹林化」について、天然更新の技術を中心に解説をします。

私自身、さまざまな場面で広葉樹林化の施業法について説明する機会がありましたが、実際に実行する難しさを伝えきれないもどかしさを感じることが多々ありました。この節の最後に広葉樹林化に対する私見を述べておきたいと思います。最近、いくつかの文書において、条件の悪い針葉樹人工林を針広混交林に誘導するにあたり、天然力の活用と管理コストが低い点が

図1-3　コナラ林と隣接するヒノキ人工林

コナラ林の下層（左半分）には稚樹が豊富にあるのにも関わらず、隣のヒノキ人工林（右半分）には稚樹がほとんど見当たらない。

メリットかのように示されていますが、果たしてそうなのでしょうか？

針広混交林にする際の「天然力を活用」というのは、人手をかけないという意味では決してありません。広葉樹林化とは異なりますが、クスノキの人工造林の保育作業を検討した結果からは、スギやヒノキよりも手間がかかることが指摘されており、管理コストも低く抑えられるとは限りません。図1－3は、広葉樹林と針葉樹人工林が隣接する様子です。ここで注目して欲しいのは、人工林の林内にはほとんど樹木が見当たらないという点です。広葉樹林化を達成するためには、人工林内に広葉樹の稚樹を定着させ、成長させる必要があります。図1-3で示したような場所は、広葉樹林化にとっては最も条件が良いはずなのですが、肝心の広葉樹の稚樹が人工林内にほとんど見当たらないのです。これは広葉樹林化がいかに困難な作業なのかを示しているのではないでしょうか？

針葉樹人工林は、木材生産を目的として、基本的に施業の対象を一樹種に絞り込み、管理をなるべく容易にするよう、工夫されたものです。一方で広葉樹林化も含めた広葉樹施業では、対象となる樹種は多種多様であり、それぞれの種の特性（成長の早さや病虫害の受けやすさ）を把握した上で保育作業を進めていかなければならず、手間と費用がかかる作業になります。加えて、作業を進める上で森林生態学の知識も必要となります。繰り返しになりますが、広葉樹林化は決して容易な作業法ではなく、また、管理費用も抑えられるわけではないことを認識しておく必要があります。

なお、本書では、特に断りを入れない限り、単に「人工林」とした場合、針葉樹人工林を指すことにします。また、それら人工林で、針葉樹の植栽樹種を明らかにしたい場合、単にスギ林やヒノキ林として表記することにします。

2章

森づくりを考えるための基礎知識

森づくりとは何か？

ここまで明確な説明もせずに「森づくり」という言葉を使ってきましたが、ここではあらためてその意味を考えてみましょう。

人と森林の結びつき

森林と人の結びつきは古く、人の活動は森林破壊の歴史と言えるかもしれません。世界最古の文学のひとつに数えられる「ギルガメッシュ叙事詩」では、レバノン杉の森林を伐採したことによる国土の荒廃と大洪水の発生が述べられており、人類最初の森林破壊の記録とも言えます。安田（1997）は、花粉分析の手法を用いて、同叙事詩の舞台であるメソポタミア地方の植生の変遷を分析していますが、当地では8600年前から大規模な森林破壊が起こり、叙事詩がまとめられたであろう5000年前にはメソポタミア低地に面した斜面からほとんど森林が消失しており、その後、森林は回復しなかったことを示しています。場所は変わりますが、南太平洋の孤島であるイースター島は、かつては森林が一面を覆い尽くす豊かな島でしたが、過剰な利用による森林消失が表層土壌の流亡を招き、文明が急速に衰退したことが知られています。

このように森林の過剰な利用とその結果による森林消失は、われわれの生活に大きな影響を与えることを歴史が示しています。その一方で、森林を生活圏の一部としてうまく取り込み、そこに生きる生物たちと共存共生の暮らしを実現してきた文化もあります。わが国の里山という考え方は、自然との共生のあり方を示すひとつの例と言えるでしょう。幸いわが国では、メソポタミア地方で起きたような壊滅的な森林破壊が生ぜず、高い森林率を保っています。そこには、スギやヒノキといった、林業的に優れた種があり、温暖多雨な気候にも恵まれたということがあるでしょう。その一方で、前章で示したように、1000万haを超える人工林で手入れ不足となっている林分も少なからずあり、適正な管理がなされていない問題があります。そのためにも、明確な管理目標を立て、どのような行動（施業）を行うべきなのかを考える必要があります。その根本となるのが、「森づくり」の考え方になります。

人が森林を持続的に利用する意味

森林がわれわれに与えてくれる資源は、木材だけに限らず、多岐に渡ります。これら森林資源は、先の文明衰退の例からもわかるように、かけがえのない資源であるがゆえに適正な管理が必要です。20世紀の科学技術と経済の発展は、森林に限らず、数多くの環境問題を引き起こしました。このような世界的な環境問題の危機を受けて、国際連合は1992（平成4）年6月、ブラジル・リオデジャネイロで環境と開発をテーマとした首脳レベルの国際会議「環境と開発のための国際連合会議（通称　リオサミット）」を開催しました。この会議の中で「気候変動枠組条約」や「生物多様性条約」などが提起され、現在の環境問題を議論するための土台が作られたと言えるでしょう。この会議では、同時に世界中の森林に関する問題について、国際的に協力して解決していくことを目的とした、「森林に関する原則声明（通称：森林原則声明）」[*3]が採択されています。この森林原則声明は森林問題について初めての世界的合意であり、15項目からなっています。その項目のひとつで、森林を利用する責任を以下のように述べています。

原則2（b）抜粋

森林資源及び林地は，現在及び将来の世代の人々の社会的，経済的，生態学的，文化的，精神的な必要を満たすため持続的に経営されるべきである。(以下略)[*4]

すなわち、われわれは次世代のために、森林を持続的に利用していく必要があり、そのための具体的な行動を考える過程のひとつが「森づくり」と言えるでしょう。

国内に視点を移してみると、「森林・林業基本法」において、森林・林業に関する長期的かつ総合的な施策の方向性・目標を示しています。それが、「森林の有する多面的機能の発揮」と「林業の持続的かつ健全な発展」になります。同基本法では、「森林の有する多面的機能の発揮」に関しては、多面的機能が持続的に発揮されることが国民生活と経済の安定に寄与していることから、適正な整備及び保全を図らねばならないとし、「林業の持続的かつ健全な発展」については、林業は多面的機能の発揮に重要な役割を果たしており、望ましい林業構造の確立によって、持続的かつ健全な発展を図らねばならないとしています。この考えは、先に示した森林原則声明の内容に合致するものです。

(＊3) 正式名称：「全ての種類の森林の経営，保全及び持続可能な開発に関する世界的合意のための法的拘束力のない権威ある原則声明」(NON-LEGALLY BINDING AUTHORITATIVE STATEMENT OF

PRINCIPLES FOR A GLOBAL CONSENSUS ON THE MANAGEMENT, CONSERVATION AND SUSTAINABLE DEVELOPMENT OF ALL TYPES OF FORESTS)

（＊4）原文は以下の通り。

(b) Forest resources and forest lands should be sustainably managed to meet the social, economic, ecological, cultural and spiritual needs of present and future generations.

森林の動態と構造

前節で森づくりの理念について解説しましたが、その中核をなす持続可能な森林管理を考える上で生態学的な知識が必要不可欠です。そこでまずは、森林生態系の動態について林分の発達段階を通して理解を進め、次に森林の有する機能について知識を身につけていきましょう。

森林の区分

森林は人為の関わり方の度合いによって、「人工林」、「天然林」、「天然生林」の3つに区分されます。

人工林は、目的とする樹種を植栽または播種によって更新させた森林です。人工林には、防風林などの用途もありますが、木材生産を目的に仕立てられるのが一般的です。人工林との対比されるのが、天然林になります。台風や火災などの撹乱によって天然更新した森林を指します。天然林の中でも天然更新する際に補助作業（地がきや刈り出しなど）や保育作業（除伐や間伐）などを行ったものは天然生林としています。伐採後に成立した天然生林でも時間の経過とともに人為影響の痕跡が小さくなったものを天然林として呼んでいます（藤森 2006）。

また、森林は時間軸による変化をもとに区分することがあります。ある場所の植生が時間の経過とともに、ある一定の方向に変化することを「遷移」と呼びます。遷移には、火山噴火後に元の植生が一掃され、まっさらな状態から始まる「一次遷移」と、火災や台風、伐採などによる撹乱後に再生する「二次遷移」に区分されます。われわれが扱う森林とその管理を考える上では、二次遷移の流れを把握しておけばよいでしょう。例えば、ブナを含む広葉樹林が皆伐された場合、その跡地には、明るい場所を好む草本や木本が繁茂します。これが二次遷移の出発点です。その後、草本種から木本種の優占度合いが増していき、最終的には耐陰性の強い種で構成された森林に到達して、そこで世代交代を繰り返すことになります。遷移系列状で最終的に到達する状態を「極相林」と言います。われわれが良く目にする「二次林」ですが、これは極相に至る二次遷移の途中段階の森林と定義できます。二次林は、天然林の途中段階のものとして使用されますが、天然生林と似たような意味合いで用いられる時もあります。

林分の構造は時間とともに変化する

ここでは、森林の持つ構造に着目し、その変化を基準にした区分の説明を行います。では、なぜ、構造の変化に着目する必要があるのでしょうか？　森林は撹乱後の遷移の進行で種の組成が変化していきます。遷移の初期段階では、明るい環境を好む先駆性の樹種が優占しますが、遷移が進むに連れて暗い環境でも生育ができる種（遷移後期種あるいは極相種とも言います）の占める割合が多くなってきます。遷移の進行に伴って、森林は階層構造も変化させていきます。樹木は、葉と枝からなる樹冠と幹からなる、2つの階層を地上部で形成していきます。年齢や

図2-1　森林の階層構造

森林は垂直方向に高木層から草本層に至るまでの階層構造を発達させている。

写真提供：山川博美

図2-2　ヒノキ人工林の階層構造の発達

人工林の階層構造は、林齢を増すほどに複雑になっていく。

写真提供：野口麻穂子・倉本惠生

樹種の異なる多数の樹木が生育することで、複数の樹冠の層が形作られていきます。やがてそれら樹冠の層は、樹木個体間の競争を経て、高木層、亜高木層、低木層などの層位となり、林分の階層構造が明確になっていきます（図2-1）。遷移の初期段階では、樹冠の層がほぼ単一の状態ですが、それが遷移の進行に従って垂直方向に分化して、いくつかの層位を示すようになるわけです。

図2-2は、林齢の異なるヒノキ人工林の写真を並べたものです。36年生の林分は、植栽したヒノキが同時に成長を続け、ほぼ単一の階層となっていますが、106年生の林分では、ヒノキの個体同士に隙間が生じて、その空間に広葉樹が侵入しています。さらに195年生では、さまざまな階層でヒノキと広葉樹の混交が見られます。この階層構造の発達段

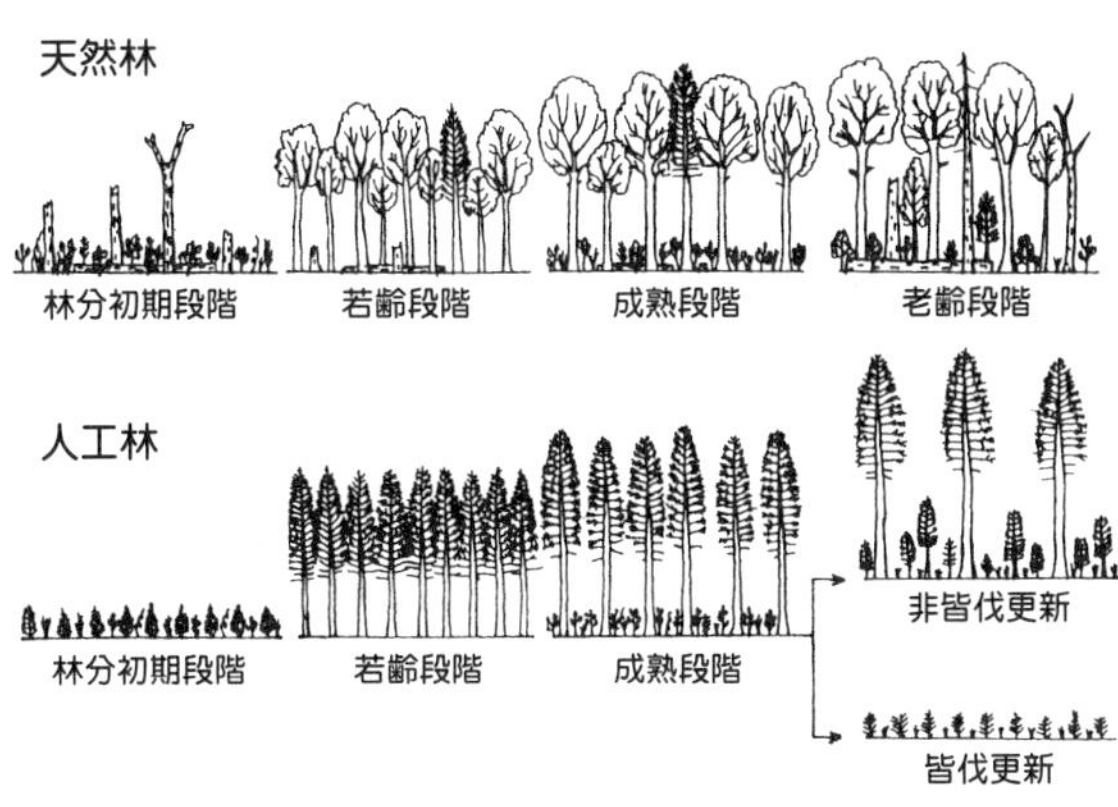

図2-3　林分の発達段階

出典：藤森隆郎著「森づくりの心得　森林のしくみから施業・管理・ビジョンまで」全国林業改良普及協会

階によって、森林内の環境とそこに生育する生物相は少なからず変化していきます。すなわち、森林の構造と環境は常に一定ではなく、林分の発達によって変化しうるということです。林床植生が乏しい36年生の林分と階層構造の発達した195年生の林分では、林内の環境が異なるであろうことは想像しやすいのではないでしょうか。したがって、林分の構造変化を正しく把握することは、森林管理や施業技術を理論的に検討するのに大いに役に立ってくるのです。

図2-3は、林分の構造が時間とともにどのように変化するのかを模式的に示したものになります。この変化の前提になっているのは、まず、最初に撹乱（火災や台風、伐採など）

があり、二次遷移が開始されるということです。近年のわが国の人工林や天然林を取り巻く状況からは、収穫のための伐採を100年生近くまでに伸ばした長伐期の人工林や、管理放棄によって高齢化が進む広葉樹二次林が100年の林齢に達する事例も出つつあり、今後もこの情勢に大きな変化はないものと想定されます。したがって、200年から300年の期間で考えられた、この林分の発達段階は、森林管理の考え方に結びつけるのにちょうどよい時間スケールと考えられています（藤森 2006）。

林分の発達段階

ここでは図2-3に示された、4つの発達段階について、それぞれ説明を加えていきます。

林分初期段階（幼齢段階）

林分初期段階は、撹乱を受けた後の文字通り初期の状態にあります。人工林ですと、伐採直後の段階であり、植栽した樹木による林冠の閉鎖は見られません。天然林であれば、撹乱前の

図2-4　林分初期段階の林分
（針葉樹人工林、福島県いわき市）

林分初期段階では、樹木個体の林冠がお互いに接することがない状態にある。

森林の状態を反映した倒木や立枯れ木が残存している場合もあります。強度の撹乱後に出来た空きスペースに樹木が定着しますが、空間すべてを占有するまでには至っていません（図2-4）。この段階では、空いているスペースに更なる植物の侵入、定着する機会がありますが、このような植物は通常、広葉性の草本や短寿命の先駆性樹種（パイオニア種）が多くなります。

若齢段階

地上および地下の空間が植物によって占められるとともに、樹木の垂直方

図2-5　若齢段階の林分
（落葉広葉樹天然生林、茨城県北茨城市）

若齢段階では、樹木の個体数の密度が高く、林内は暗い状態にあることが多い。

向への成長によって林分に階層構造が出来始めます。その結果、上層の葉群によって、下層の葉群は庇蔭されます（図２－５）。樹木個体間の競争が始まり、勝者は空間を占めて、敗者は死に至るものが出てきます。敗因は、土壌水分や光の不足によるものです。林冠が閉鎖することで、新たなる樹木の更新は阻害されることになります。

成熟段階

かつて競争に勝った樹木個体も、病虫害や気象害、あるいは伐採などの作業の影響で消失する個体が出てきま

図2-6　成熟段階の林分
（常緑広葉樹天然生林、長崎県西海市）

成熟段階では、階層構造の発達がみられ、林内の光環境も好転している。

す。幼齢段階では密に分布していた林冠層ですが、消失した個体が占めていた空間が疎開穴（ギャップ）となり、その結果、林床にも光が届くようになります（図2-6）。林床の光環境が好転したことにより、樹木の更新のチャンスが訪れます。この場合、閉鎖林冠下ですでに定着していた稚樹（いわゆる前生稚樹）が後継樹になることが多いです。

老齢段階

林冠を構成している個体が枯死し、新しい個体が更新するという世代交代

図2-7　老齢段階の林分
（常緑広葉樹天然林、宮崎県東諸県郡綾町）

老齢段階では、倒木や立枯れ木がみられるのが特徴である。

をいくつか繰り返すことで、階層構造が複雑化していきます。世代交代の結果生じた立枯れ木や倒木（図2-7）が目立ってくるのが、この段階の特徴とも言えます。人工林では、この段階に至る前に目的とする状態に達して伐採されることが多いです。

森林の多面的機能と生態系サービス

機能とサービスの持つ意味

私たちは森林から木材生産以外にもさ

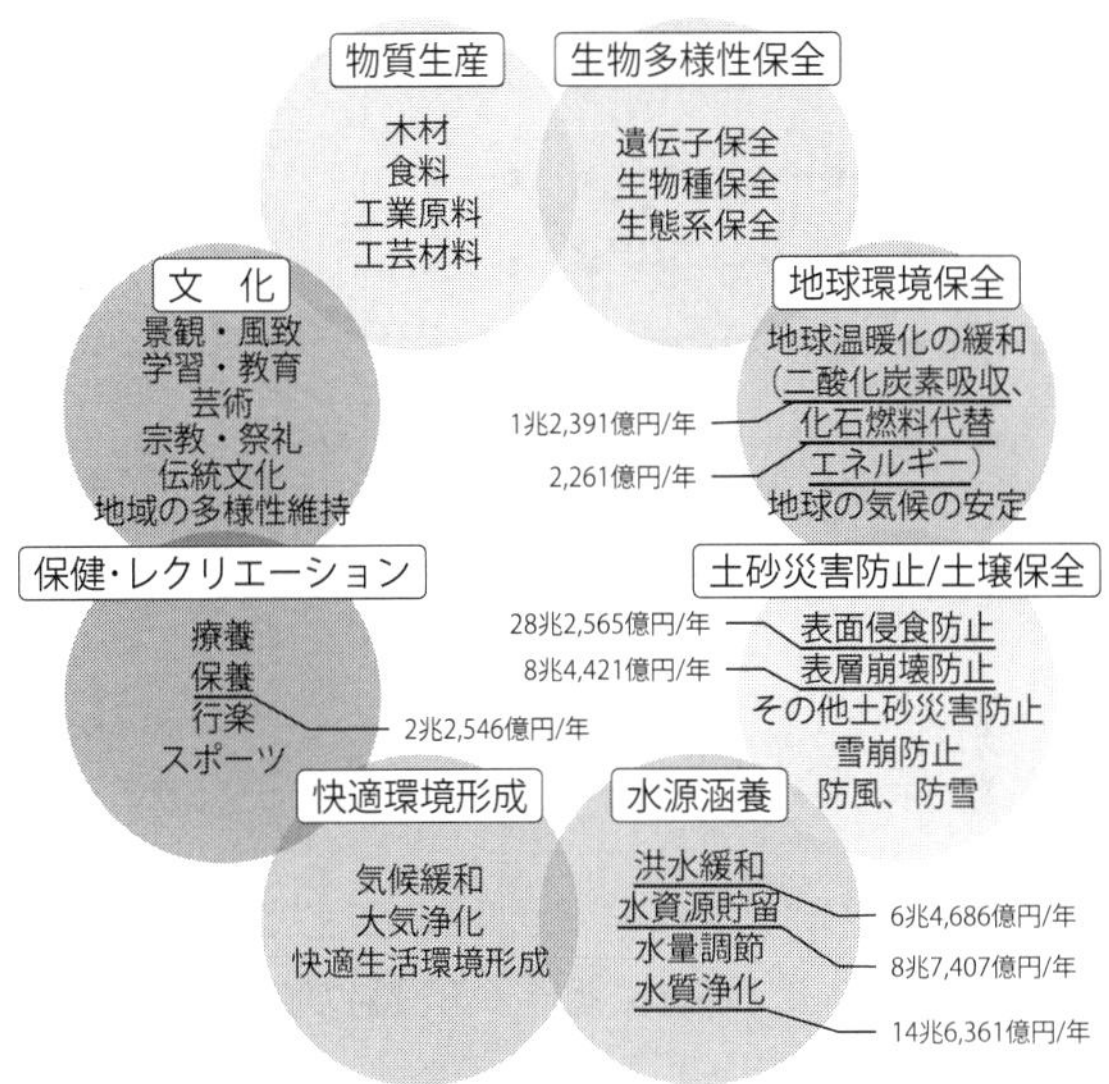

図2-8　森林の有する多面的機能

出典：林野庁編「令和元年版 森林・林業白書」

まざまな便益を受けており、これらを「森林の多面的機能」と言います。やや古い試算なのですが、2001（平成13）年に日本学術会議が森林の多面的機能を貨幣価値に換算したことがあります。一部の機能では貨幣価値に換算するのが困難なため、全ての機能を換算したわけではないのですが、その価値は年に70兆円強とされています（図2-8）。

2005（平成17）年に国連ミレニアム生態系評価が発表され、その中で「生態系サービス」の価値の考慮がなされ、以降、生態系

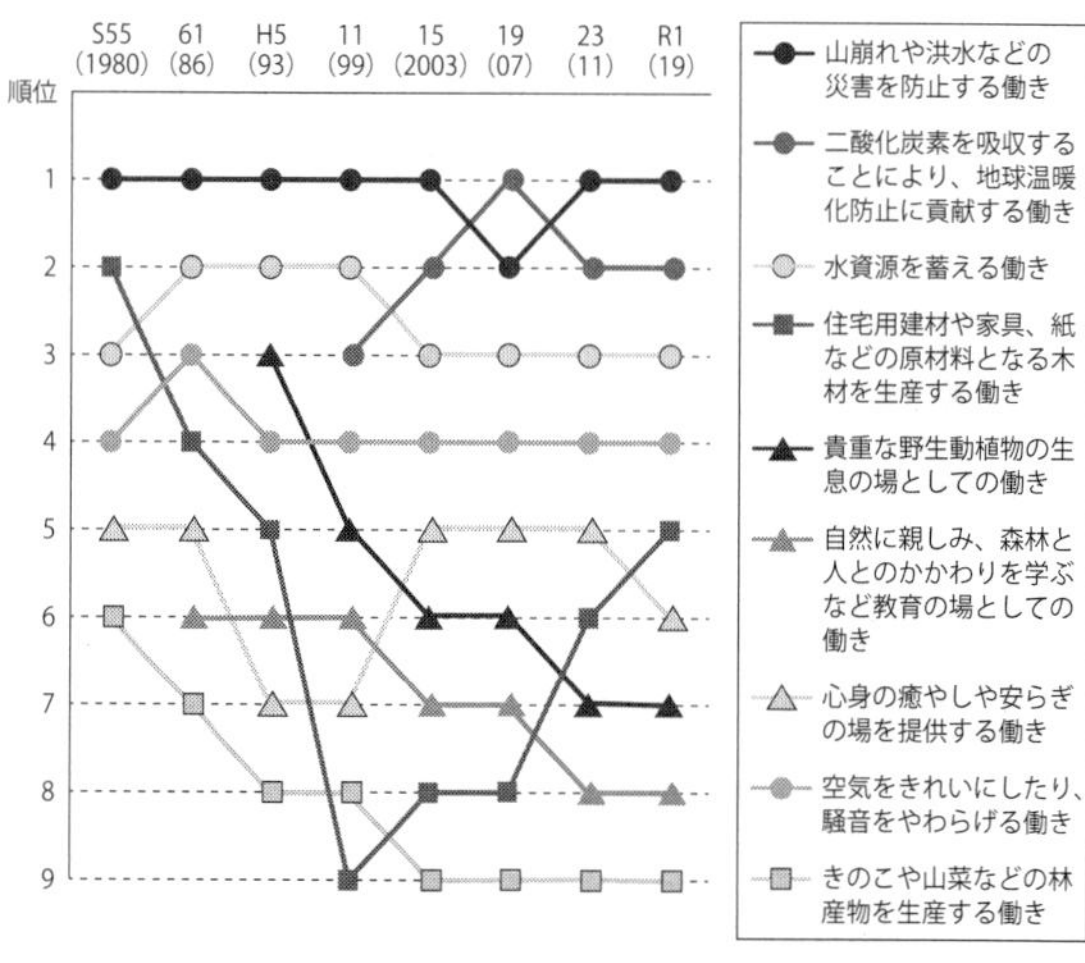

図2–9　森林に期待する役割の変遷

出典：林野庁編「令和元年版 森林・林業白書」

の機能から人々が受ける便益に対して生態系サービスという用語が一般的に使われるようになってきました。現在でも森林・林業白書では、森林の多面的機能について、いくつかのトピックを設け、取り扱っています。森林・林業白書でいう多面的機能には、その機能から生み出されるサービスとその経済的な価値も含まれており、「機能」と「生態系サービス」の両者を含む形で説明がなされています。

ここで少し、生態系の「機能」と「サービス」がそれぞれ何を指すのか説明しておきましょう。まず、「機能」が示すものは「特性、能力」であり、「サービス」

が示すものはその機能から発生する具体的な「用役」であることです（國井　２０１６）。すなわち、冒頭に説明した、「森林の多面的機能」には、用役の意味も含まれています。そして、特性や能力である機能は、社会背景や文化の違いによって変化しませんが、用役である生態系サービスは受益者の社会背景や文化に強い影響を受け、その評価結果も対象受益者によって異なることが指摘されています（TEEB 2010、國井　２０１６）。

森林・林業白書では、過去数十年にわたって、国民が森林に何を期待するのかを質問したアンケート結果が掲載されています（図２-９）。土砂崩壊防備や水源涵養の機能からのサービスはわれわれの安心・安全な生活に強く結びついているので、その期待度はこれからも高くあり続けることでしょう。「木材生産を期待する」という順位が徐々に上がりつつあるのは、林業界にとっても明るい兆しかもしれません。

森林の多面的機能は林分の発達とともに変化する

図２-10は、林分の発達段階と森林の多面的機能の変化の関係を示したものです。各種研修のテキストに幾度となく採用されているので、目にしたことがある人も多いかと思います。こ

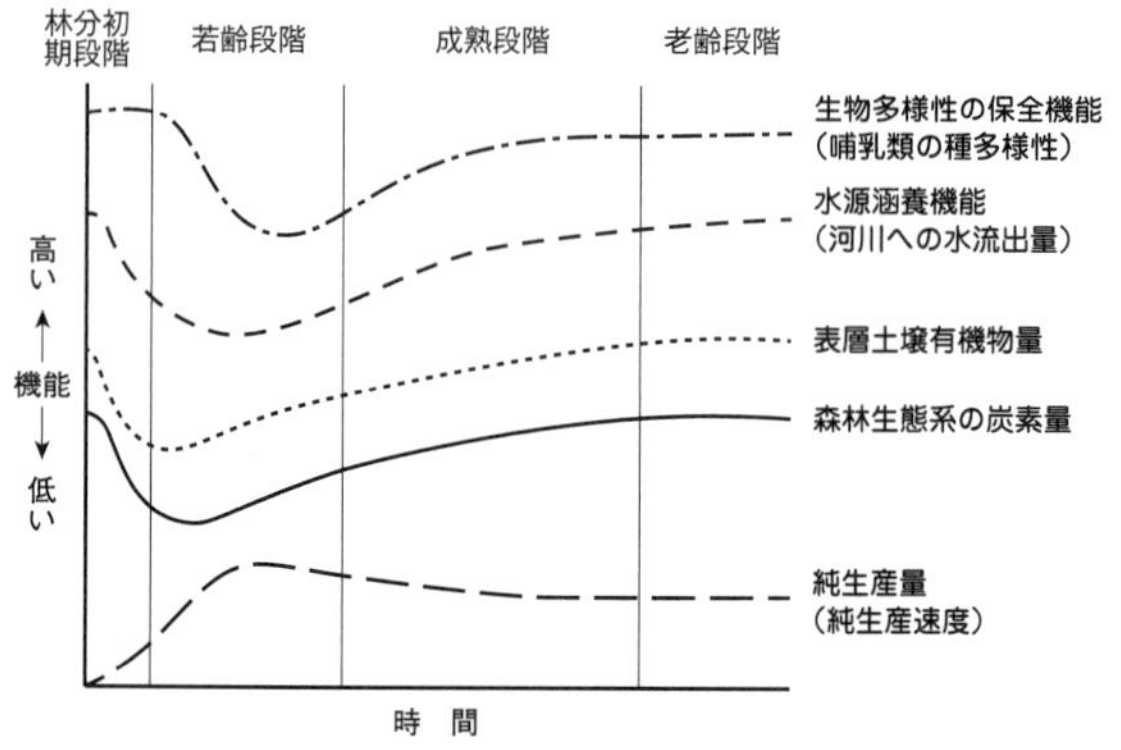

図2-10　林分の発達段階と各種機能の変化との関係
（藤森　2003）

出典：藤森隆郎「森づくりの心得　森林のしくみから施業・管理・ビジョンまで」
　　　全国林業改良普及協会

の模式図は、横軸が時間、すなわち林分の発達段階、縦軸が各機能の発揮具合をそれぞれ示しています。ここで注意すべきは、それぞれの機能が配置されている縦軸の位置が相互の優劣を示しているわけではないということです。一番上にある多様性保全が水源涵養機能に対して優れた機能を発揮しているというわけではありません。この模式図は、本来は図2-11のように個別に示されるものを、複数の機能の時間的な変化を相互に比較できるように工夫されたものなのです。

図2-10からは、森林の持つ諸機能は森林の発達段階によって変化しうることがわかります。加えて、図の中に示された各種機能の変化の傾向は一定ではなく、ピークの時期も

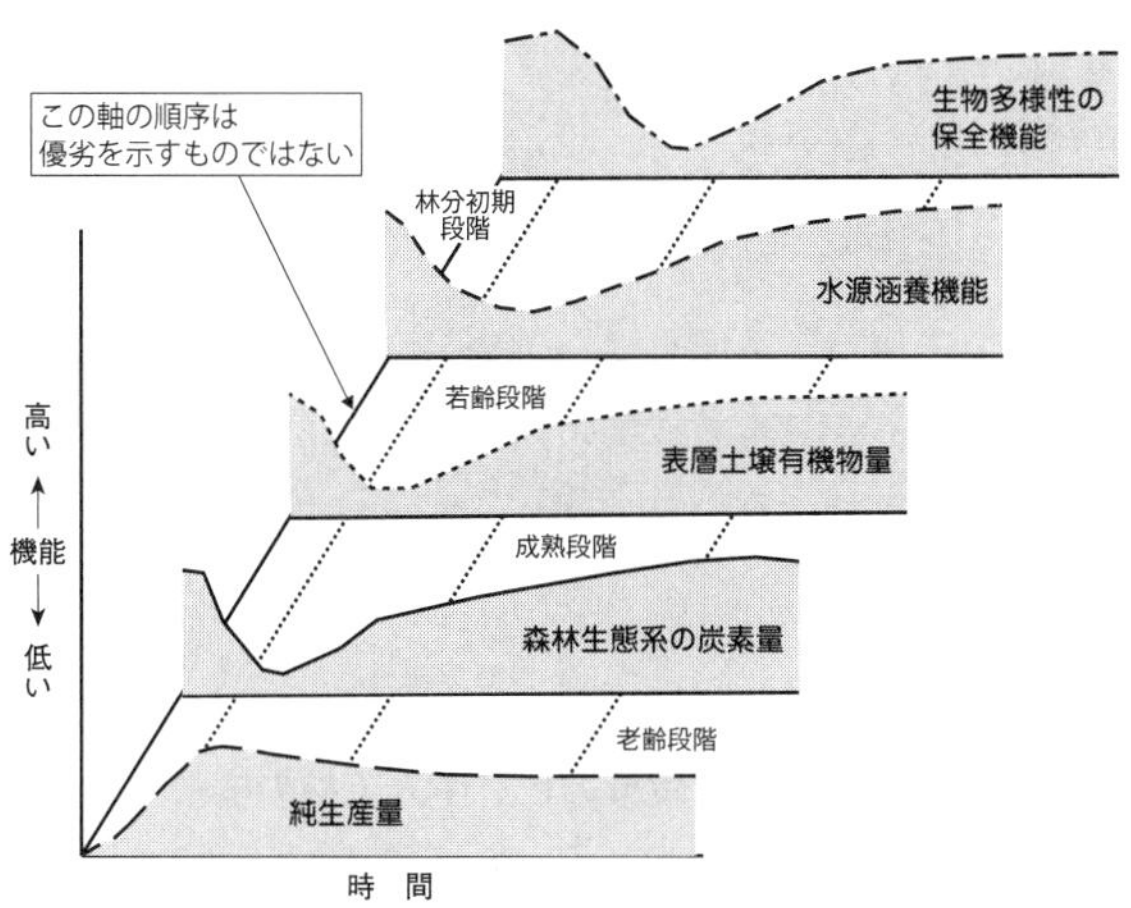

図2-11　林分の発達段階と各種機能の変化の位置付け

ずれが生じていることが見て取れると思います。このことは、複数の機能でピークの時期を一致させることはできないことを意味しています。生物多様性に保全機能のピークと炭素固定の能力を示す純生産量のピークは一致しないのです。この点こそが林分の発達構造を把握することの理由なのです。森林施業は、個々の対象林分の構造を変化させ、発達段階を制御することにより機能の発揮をコントロールする行為と考えられます。次章で説明する目標林型ですが、ここで示した森林の機能に応じて定められるものであり、その目標に近づくためにどのような森林施業や管理法が必要なのかを求めていく必要があります。

図2−12　若齢段階のヒノキ人工林の様子

閉鎖した林冠下には光が十分に通らず、下層植生が極めて貧弱になっている。

写真提供：酒井 敦

各機能の説明

ここでは図2−10に示した各機能の時間的変化の理由を説明していきます。

生物多様性保全機能

図2−10では、哺乳類の種多様性が示されており、若齢段階での落ち込みが見られます。これは若齢段階では林分の閉鎖などによって植生が乏しくなり、哺乳類の餌資源としての草本層が乏しくなることに起因しています。人工林でも間伐前や間伐遅れの林分では、林床植生が貧弱になること（図2−12）からも想像しやすいのではないでしょうか。やがて林

分が発達するに従い、垂直方向の階層構造がはっきりとすることで、多様な生息環境が形成され、種多様性も豊富になっていきます。倒木や立枯れ木は、老齢段階の指標であることは、前節で示したところですが、鳥類や菌類などの生息環境を提供する役割があり、多様性を高めることにも貢献しています。

水源涵養機能

水源涵養の機能を示すものとして、ここでは河川への水流出量を示しています。この機能が高いということは、森林による水の流量調整が上手くいっていることを示します。林分の発達段階によって、樹冠の閉鎖具合と植物による蒸発散量の関係も変化していきます。樹冠の閉鎖具合が高いと降雨の遮断量が多くなり、同時に樹冠での蒸発も大きくなります。若齢段階で機能が低下するのは、この時期に樹冠の被覆率が高まることにより、蒸散量が増えることに起因しており、その分河川への流出量が減少します。すなわち林分が水を多く消費していることになります。林分が成熟段階に達するに従い、樹冠の間に隙間が生じ、樹冠遮断量が低下することと、蒸散速度も低下することから、水の流出量は増加します。

下層植生の存在も水源涵養機能に大きな役割を果たしています。下層植生が乏しい若齢段階では、林冠を通過した雨滴が直接土壌に当たることによって、土壌構造が劣化し、保水性が低下すると考えられます。しかし、林冠が疎開することで下層植生が発達するので、雨滴による土壌への衝撃は緩和され、土壌構造の劣化は緩和されます。

表層土壌有機物量

表層土壌の有機物量は、皆伐から15年程度で最低に達して、その後徐々に増加することが観測で示されていますが、その動きには林内の環境変化が大きく効いていると考えられます。林分初期段階での急激な有機物量の減少は、①雨滴が表層土壌を直撃し、土壌構造を変化させ、②表層土壌が直射日光によって高温となり、有機物分解が促進し、③冬季の霜柱の形成による土壌の膨張とその後の流亡、などの現象によるものと考えられています（藤森　２００６）。若齢段階で下限のピークを迎えた後、有機物量は増加しますが、それは分解量よりも落葉などによる供給量が上回るためで、林冠が閉鎖する時期と一致するようです。

森林生態系の炭素量

森林生態系の炭素量は、光合成を通じて、幹や根などに蓄えられているものです。伐採による撹乱であれば、木材となる幹が系外に持ち出されるので、炭素量は減少します。加えて、林床と土壌の有機物の分解が促進することによって、減少が加速します。同時期に樹木の成長による炭素量の増加があるのですが、分解速度の方が上回るため、炭素量の停滞が続くことになります。その後、炭素量は成熟段階を通して増加し、老齢段階では頭打ちになる傾向を示します。

純生産量

ここで示した純生産量とは、森林生態系が炭素を固定する量（＝速度）となります。純一次生産量とも言い、光合成による炭素固定量と呼吸による消費量とのバランスで生産量が決定します。若齢段階で生産量のピークがある理由として、林冠閉鎖に伴って林分の葉量が最大（＝葉面積指数が最大）であることと、樹木個体の生理的活性が最大であることが重なっているためと考えられます。その後、成長に伴い、葉に対して幹の占める重量の割合が大きくなっていき、その結果、呼吸をする幹の表面積も増えることから、林分全体の呼吸による消費量が大きくなっていきます。老齢段階では光合成による固定量と呼吸による消費量がほぼ釣り合うことになり、生産量は右裾野にいくに従ってしぼむ形を取ります。

近年では、高齢林の成長に関するデータが充実してきており、成長予測が不確かであった老齢段階においても成長が見られ、炭素固定量も大きいことから、生産量は高いまま維持されるという見方も出てきています。

ここまで各機能の林分発達段階に伴う変化を示してきましたが、持続可能な森林管理を考える上で、個々の林分がどのような機能を期待されているのかを考えることで、どの林分発達段階まで到達させればよいのかが定まってきます。この点については次章の配置の目標林型の部分で詳しく説明をしていきます。

森林経営・森林施業の基本原則

森林経営の目的達成のために、これまでにいくつかの指導原則が提案されてきました。かつては、究極目標達成のための最高の原則を頂点とし、付随する諸原則から構成されていた原則ですが、森林への要求が多様化した現代ではそれぞれの原則の重みも変化しており、今日の基本原則にまとまってきました。ここでは鈴木（2001）がまとめ、森林総合監理士のテキスト[*5]にも掲載されている以下の4つの原則をもとに説明を加えていきます。

①合自然性の原則
②保続性の原則
③経済性の原則
④生物多様性保全の原則

（＊5）web上で「森林総合監理士基本テキスト」と検索

① 合自然性の原則

・自然に反した林業は行わない
・厳しい自然環境や脆弱な立地での林業活動は行わない

この原則を最も基礎的・前提的なものとするという考えが一般的です。端的にいうと、自然に逆らった森林施業は行わないということです。樹木は長寿命であり、さまざまな自然現象（台風や大雨など）の影響を受ける可能性があります。そしてこれら自然現象の影響をわれわれの手で制御することは、ほぼ不可能です。森林という生物社会の自然法則を重視して、経営方針と施業法を考えることが求められています。合自然性を無視した森林経営は、存続が難しいことを理解する必要があります。

注意しなければいけないのは、自然の流れに任せて放置してもよいという意味ではないということです。「森林経営・森林施業」の基本原則ですから、経営の目的に向かって施業をするのが前提です。

・対象とする森林において、森林の持つ諸機能が永続的・恒常的に維持されること
・それを支える土地の生産力（地力）を維持することをするべき

②保続性の原則

この「保続性」という言葉は、林学・林業で古くから使用されてきたものですが、その概念は時代とともに変遷してきました。山科（1979）によると、保続性の概念は、木材収穫の保続性、木材生産の保続性、生産能力の保続性、の3つに区分されるとしています。木材収穫の保続が無ければ木材生産の保続は実現できないことから、両者は密接に結びついています。木材収穫の保続は、毎年等しい量の木材を、継続的に生産することになります。また、木材生産の保続は、林木が収穫できる状態に森林を連続的もしくは断続的に維持することを意味します。生産能力の保続については、木材生産の基盤をなす土壌の生産力の維持を示すものであり、持続可能という考えにも繋がります。

このような保続性を個々の林分で考えるのか、あるいは地域全体の森林で行うのかによって、適切な森林施業も異なってきます。

③ 経済性の原則

・常にコストパフォーマンスを考えた森林経営を行うこと
・木材生産だけではなく、森林の多面的機能の維持増進を図るための公共事業による森林の整備・保全にも適用

林業という産業を考えた場合、この原則が最も重要視されてきたことに異論はないでしょう。この原則には、公共性と収益性という、2つの異なる側面があります。前者は、広く人々の経済的福祉の増進に貢献するという意味があり、国民が最も強く、また広く要求する樹材種の最大量を生産することに繋がり（武田 1988）、公共性の原則とも称されることがあります。一方で個々の森林の経営を考える場合、収益性を重視する原則となります。

④ 生物多様性保全の原則

・人間は、自己の利益に反しても生態系を構成する多様な生物種の生存権を損なわない形で

森林経営をするべき

似たような考えで「環境保全の原則」や「環境養護の原則」が示されていますが、いずれの場合も森林の有する機能がわれわれにもたらす恩恵は計りしれないものであり、森林の機能を保全する活動は決して林業経営の活動と矛盾するものではありません。生物多様性保全の重要性については、次節で詳しく説明することにします。

生物多様性の保全はなぜ重要なのか？

一般には知られていない生物多様性？

生態系サービスとともに生物多様性という言葉を最近耳にする機会が増えてきたのではないでしょうか？　内閣府では定期的に環境問題に関する世論調査を実施していますが、その質問項目の中に、「生物多様性の言葉の認知度」[*6]というものがあります。最新の調査結果２０１９（令和元）年度では、「生物多様性」という言葉を「聞いたこともなかった」と答えた人の割合が47・2％になっており、都市部（政令指定都市を含む市）に比べて特に町村での割合が高い傾向にあったようです。また、「意味は知らないが、言葉は聞いたことがあった」と答えた人は31・7％であり、生物多様性の意味までは正しく理解されていないのが現状のようです。

（＊6）令和元年度に実施された「環境問題に関する世論調査」の中の調査項目のひとつとして、「生物多様性の言葉の認知度」が設定されている。詳細は、内閣府の世論調査のホームページ（https://survey.gov-online.go.jp/r01/r01-kankyou/index.html）で参照することができる

持続可能な森林管理のために欠かせないもの

冒頭で触れた森林原則宣言では、持続的な森林管理がキーワードになっていましたが、ではどのような管理が「持続可能な森林管理」と言えるのか？　という疑問が湧いてきます。そこでEU諸国以外の温帯林・北方林諸国によって森林管理の持続可能性を客観的に把握し評価するための「基準・指標」が専門家によってまとめられました。それがモントリオールプロセス[＊7]と呼ばれるもので、7つの基準と54の指標[＊8]が示されています。そしてその指標のひとつとし

て挙げられているのが、「指標1　生物多様性の保全」なのです。現代の森林管理においては、木材生産だけでなく、生物多様性の保全も含めた取り組みが求められている訳です。

（＊7）日本を含む、米国、カナダ、中国、メキシコ、アルゼンチン、チリ、ウルグアイ、オーストラリア、ニュージーランド、韓国の12カ国

（＊8）1995年の合意当初は67の指標であったが、その後、指標の見直しが行われ、2015年時点の改定で54の指標にまとめられている

あらためて生物多様性とは何か？

生物多様性条約は、生物多様性の保全、その構成要素の持続可能な利用、遺伝資源の利用から生ずる利益の公正な配分を目的とする国際条約です。この条約の中で、生物多様性とは以下の3つのレベルがあるとしています。

- 生態系の多様性
- 種の多様性

●遺伝子の多様性

「生態系の多様性」とは、森林や農地などの生態系が多様に存在していることを示します。森林と農地では環境が違うことから、そこに生育する動植物相が異なっており、そこに多様性が生じます。森林生態系だけを見ても、針葉樹人工林や広葉樹天然林などのさまざまな森林タイプがあることによって、多様な生息環境を提供してくれます。「種の多様性」とは、生態系を構成する種が、植物、動物から菌類に至るまでさまざまな生物が生息していることです。「遺伝子の多様性」とは、同じ種でも個体ごとに異なる遺伝子を持っていることを示しています。

種レベルの遺伝子撹乱を避けるべき

遺伝子の多様性から、われわれが留意しなければいけないことを挙げておきます。それは広葉樹の苗木に関することです。後述しますが、広葉樹林化を目指すとき、どうしても天然更新だけではうまくいかない場合には広葉樹の植栽も視野に入れる必要が出てくるでしょう。現在、林業種苗法では、第24条（種苗の配布区域の制限）で指定された8樹種（スギ、ヒノキ、アカマツ、

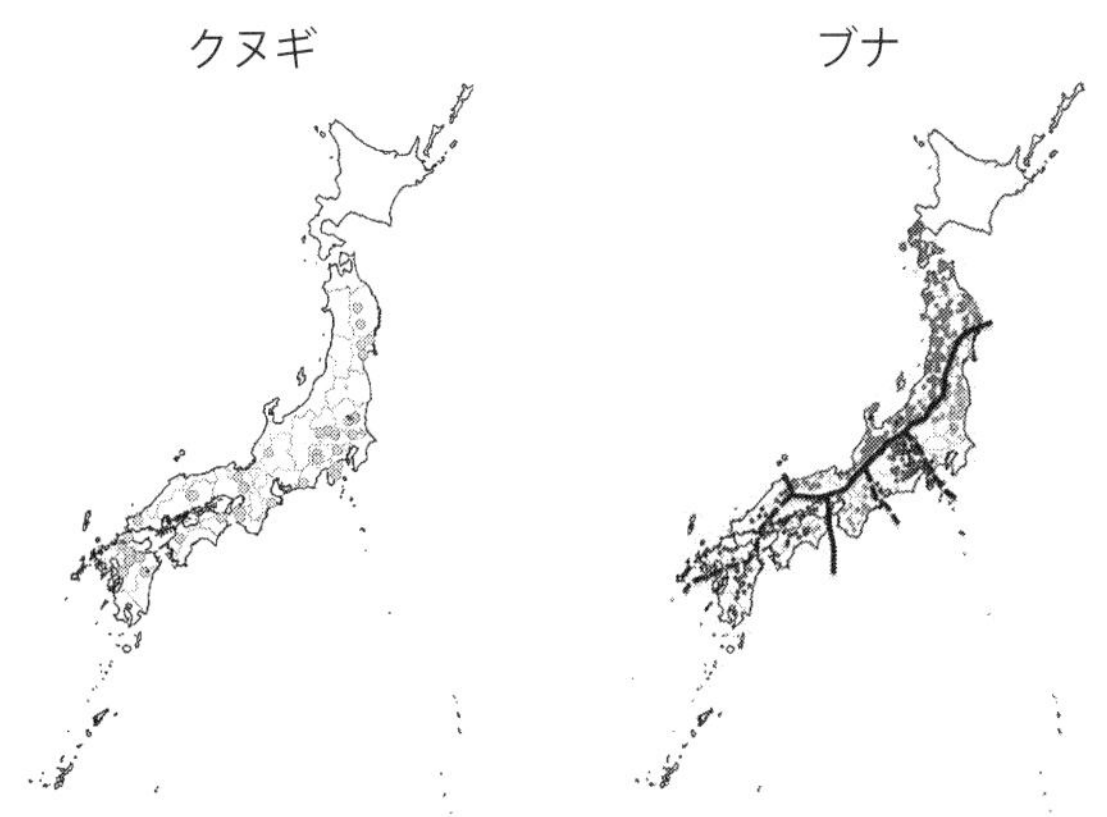

図2−13　葉緑体DNAのパターンによる種苗流通のゾーニング

クヌギでは葉緑体DNAの遺伝的分化が低いことから、国内での種苗の移動制限は必要ないと考えられるが、ブナでは日本海側と太平洋側で大きく分けられる。

出典：森林総合研究所「広葉樹の種苗の移動に関する遺伝的ガイドライン」より一部抜粋

クロマツ、カラマツ、エゾマツ、トドマツ、リュウキュウマツ）のみが、その種苗の移動範囲を制限されています。現状、広葉樹の種苗は、移動の制限を受けないため、九州産のブナの苗木を北海道に持ち込んで植えることも可能なのです。その結果、局所環境に適応していない遺伝子型が周辺の遺伝子型と交配した結果、遺伝子攪乱が生じ、もともと存在していた遺伝的多様性が減少するリスクが起こり得ます。森林総合研究所では、このような広範囲にわたる広葉樹植林による遺伝子撹乱を防ぐため、「広葉樹の種苗の移動に関する遺伝的ガイドライン」（森林総合研究所 ２０１１）を作成し、主要広葉樹の種苗流通のゾーニングを示しています（図2-13）。実際には、樹種によってゾーニングの形はさまざまであり、日本全国をひとつの区域として考えられる種（クヌギ）もある一方で、ブナのように複数の区画に分割される種もあります。広葉樹の植栽を考える際には、遺伝子撹乱のリスク回避のため、種苗の移動が可能なゾーニング内での苗木の確保を考えるようにしてください。

生物多様性に関わる４つの危機

わが国が定めた「生物多様性国家戦略２０１０―２０２０」の中で、生物多様性の危機の構造を、その原因と結果の分析から、以下の４つにまとめています。

- 第一の危機　開発などの人間活動による危機
- 第二の危機　自然に対する働きかけの縮小による危機
- 第三の危機　人間により持ち込まれたものによる危機

●第四の危機　地球環境の変化による危機

第一の危機は、開発や乱獲などの人が引き起こす影響であり、オーバーユースとも言われます。森林に関して言えば、他の土地利用への変換や、天然林の人工林への転換などが挙げられます。経済性や効率性を優先した活動により、野生動植物の生息環境の消失や著しい劣化が生じる結果となりました。

第二の危機は、第一の危機とは逆に、自然に対する人間の働きかけが減少したことによって生じており、アンダーユースとも言われます。里山はかつて薪炭林として、エネルギー源となる薪や炭の重要な供給源でしたが、家庭でのガスの利用が広まるにつれ、20～30年周期で伐採される利用形態が放棄されていきました。いわゆる、燃料革命と言われた生活様式の変化です。その結果、明るい環境を好む植物が中心であった薪炭林も、遷移が進むことによって林床は暗くなり、生物相も変化していきました。また、針葉樹人工林についても、間伐などの保育作業が十分に行われておらず、野生動植物の生息環境の劣化を招いています（図2-14）。

第三の危機は、もともとわが国の生態系に存在していなかったものによる影響です。外来生物だけでなく、化学物質もここには含まれます。森林に関して言えば、オオハンゴンソウなど

図2–14　アンダーユースにより、大径木が多くなった薪炭林由来のコジイ二次林（長崎県西海市）

大径木化すると萌芽能力が低下し、萌芽による更新が難しくなってしまう。

の外来植物が侵入することによって、在来の植物の生息場所を奪ってしまう問題や、沖縄・奄美地方でかつてハブ対策として導入されたマングースが在来の貴重な動物（ヤンバルクイナやアマミノクロウサギなど）を捕食してしまうなどの問題が生じています。松枯れを引き起こす、マツノザイセンチュウも北米原産であり、今まさにわれわれが直面している第三の危機のひとつでもあります。外来種の問題はわが国だけの問題ではありません。日本の在来植物であるクズは、アメリカ大陸では凶悪な侵略的外来生物として、駆除の対象になっています。

第四の危機は、地球温暖化による環境変化がもたらす危機です。この危機は、他の3つの危機と異なり、誰が直接的な原因なのかを特定することが困難です。また、温暖化の影響が顕在化するまで時間がかかる場合があり、かつ具体的な対策とその効果が実感しにくい面がありま す。危機の原因である温暖化への対策（＝温室効果ガスの排出削減）は、日本だけでなく、国際的な協力の取り組みが必要です。動植物の生息場所が他の危機によってすでに消失もしくは劣化していた場合、この第四の危機への対応が意味をなさないこともあり得ます。

このように4つの危機は、それぞれ独立したものではなく、相互に関連性があることから、その原因を正しく把握した上で危機への対策を考える必要があります。

生物多様性をめぐる国際的な情勢

生物多様性を語る上で、愛知ターゲット（目標）と国連・持続可能な開発目標（ＳＤＧｓ（エスディージーズ））を外すことはできません。２０１０（平成22）年に生物多様性条約（ＣＢＤ）の第10回締結国会議（ＣＯＰ10）が名古屋市で開催され、生物多様性の喪失を止めるために「愛知ターゲット」が採択されました。愛知ターゲットは、大きく５つの戦略目標からなり、その下に合計20の目標が設定されています。森林・林業に関連する目標としては、表２-１に示すように、林業による生物多様性保全を確保した持続的な管理や生態系の保護などが掲げられています。これら愛知ターゲットの目標設定は２０２０年までを想定した短期目標ですが、２０２０年以降も生物多様性を取り巻く危機的な状況には変化がないことから、[*9] ２０３０年までを想定したポスト愛知ターゲットの設定が進められています。

次に国連・持続可能な開発目標ですが、英語名称であるSustainable Development Goalsの頭文字を取って「ＳＤＧｓ」とも言われています。このＳＤＧｓですが、２０１６年から２０３０年までの15年間に持続可能でより良い世界を目指すための国際目標です。17のゴールとそこに含まれる１６９のターゲットから構成されていますが、持続的な森林経営は目標６、

表2-1 「愛知目標」（2010年）における主な森林関係部分の概要

目標 5	2020 年までに、森林を含む自然生息地の損失速度を少なくとも半減。
目標 7	2020 年までに、生物多様性の保全を確保するよう、農林水産業が行われる地域を持続的に管理。
目標 11	2020 年までに、少なくとも陸域・内陸水域の 17%、沿岸域・海域の 10%を保護地域システム等により保全。
目標 15	2020 年までに、劣化した生態系の 15%以上の回復等を通じて、気候変動の緩和と適応、砂漠化対処に貢献。

出典：林野庁編「令和元年版 森林・林業白書」

13、15などの達成に貢献できると考えられます。森づくりの根本にある思想とそれに基づく森林管理は、前述のモントリオールプロセスだけではなく、SDGsや（ポスト）愛知ターゲットの目標達成に大きく貢献できるものと言えるでしょう。

（＊9）当初は、2020（令和2）年秋に北京で開催される予定であった、生物多様性条約第15回締結国会議（COP15）で2020年以降の世界目標が採択される予定であったが、新型コロナウィルスの感染拡大により、2021年に延期となっている

人の影響の排除が保全のための最上の策とは限らない

生物多様性を保全するためには、人の影響をなるべく排除することもひとつの策だと思います。しかし、それがいつも良い策であるとは限らない例を紹介したいと思います。私がかつて勤務していた森林総合研究所九州支所では、実験林内に八重咲きのクチナシ（タツダヤマヤエクチナシ）（図2-15）が自生しており、その希少性から国の特別天然記念物の指定を受けています。愛好家による乱獲もあってか、保全のために生息地であったコジイの薪炭林に有刺鉄線で囲む保護柵を設けました。この柵によって、人の出入りによる影響を軽減することもできましたが、同時に人の活動によって維持されてきた環境も失うことになりました。ヤエクチナシは、元々、人の影響を受けて明るい環境が維持されている場所が生育適地だったのですが、この保全策と薪炭林の利用低下の時期が合わさって、手入れ不足（＝アンダーユース）の状態になり、林床はヤエクチナシの生育に適さない暗い環境に変わってしまいました。保全のための柵（策）が、結果的にヤエクチナシにとっては消失のための引き金になってしまったのです。このことは、人による負の影響だけに着目し、種の特性を無視した保全策では、逆効果であることを示しています。かつて日本には、茅場などの採草地が沢山あり、その環境を好む植物種が多数生

図2–15　タツダヤマヤエクチナシ

タツダヤマヤエクチナシが好む光環境は森林に人手が入ることによって維持されてきた。

写真提供：森林総合研究所九州支所ＨＰ

育していましたが、採草地の減少によって、それら植物種は絶滅の危機に直面しています。人の影響によってこそ維持される生物群も存在することを忘れてはいけません。

3章

目標林型を考える

目標林型はなぜ重要なのか？

「目標林型」は森づくりのためのキーワード

森づくりを考える上で、重要なキーワードがあります。それは「目標林型」です。読んで字のごとく、施業対象とする林分をどのような森林に仕立てたいのか？　それを具体的に示したのが目標林型です。

目標林型はなぜ重要なのでしょうか？　それは目標無しには計画が立てられないからに尽きます。目標林型は、「目標とする森林の姿」であり、それは「目標とする森林の構造」でもあります。前章で林分の発達段階と機能の変化（図2-10）を説明しましたが、具体的に森林にどのような機能を期待するかによって、目標とする森林の姿も異なってくるはずです。

また、対象とする森林の現在の姿（構造）を正しく理解することは、目標林型に到達するための必要な作業を整理するためにも重要です。この作業は、目標に至る難易度を知ることにもなります。いくらも目標を立てても、現状からは到達不可能な場合もありうることからも、事前の判断する材料としても目標林型の設定は機能することになります。

目標林型を考えるための3つの視点

目標林型を考える上で、まず以下の3つの点について留意する必要があるでしょう。対象とする林分に対して、

- 環境保全と木材生産のどちらが目標なのか？
- 一度誤った判断をすると、やり直しが困難なため、事前に可能性を十分に検討する
- 将来の価値は100～200年先に発揮されることを想定して管理目標を立てる

1番目の点ですが、この判断は極めて重要です。将来の社会情勢によって、木材生産として不適格となる林分を判断する閾値（しきいち）は変化しうるのですが、その変化を予測するのは極めて困難です。したがって、われわれ技術者がするべきことは、現在の置かれた状況のもと、到達する目標を明確にし、その判断基準を記録に残しておくことです。森づくりのゴールは、一人の担

当者だけではは到達できるものではないことからも、未来の担当者のためにもどのような考えのもとで到達目標を設定したのかを明確に記録に残しておくことも必要です。

2番目の点については、本書に関しては特に後述する、広葉樹の天然更新の可能性についての判断にもつながります。理想を追求するばかりでは、残念ながら森づくりはうまくいきません。目標とする森林へ誘導する施業が明らかに無理な場合、その目標を諦めることも必要です。また、実際に施業を始めた後でも、目標とする森づくりが困難な場合、撤退（他の目標林型への方向転換）する判断も必要です。自然を対象とすることから、台風などの気象災害などの影響を受け、目標とした林分に到達するとは限らない、不確実性があることを忘れてはいけません。

3番目の点ですが、目標に到達するまでに、100年オーダーの時間がかかる場合もあることを理解しておく必要があります。1番目の点でも指摘しましたが、われわれが未来の社会のあり方を正確に予測することは極めて困難ですが、少なくともどのような指向で森づくりを目指すのかは明確に示すことは可能なはずです。

2つの異なるスケールで組み上げる目標設定

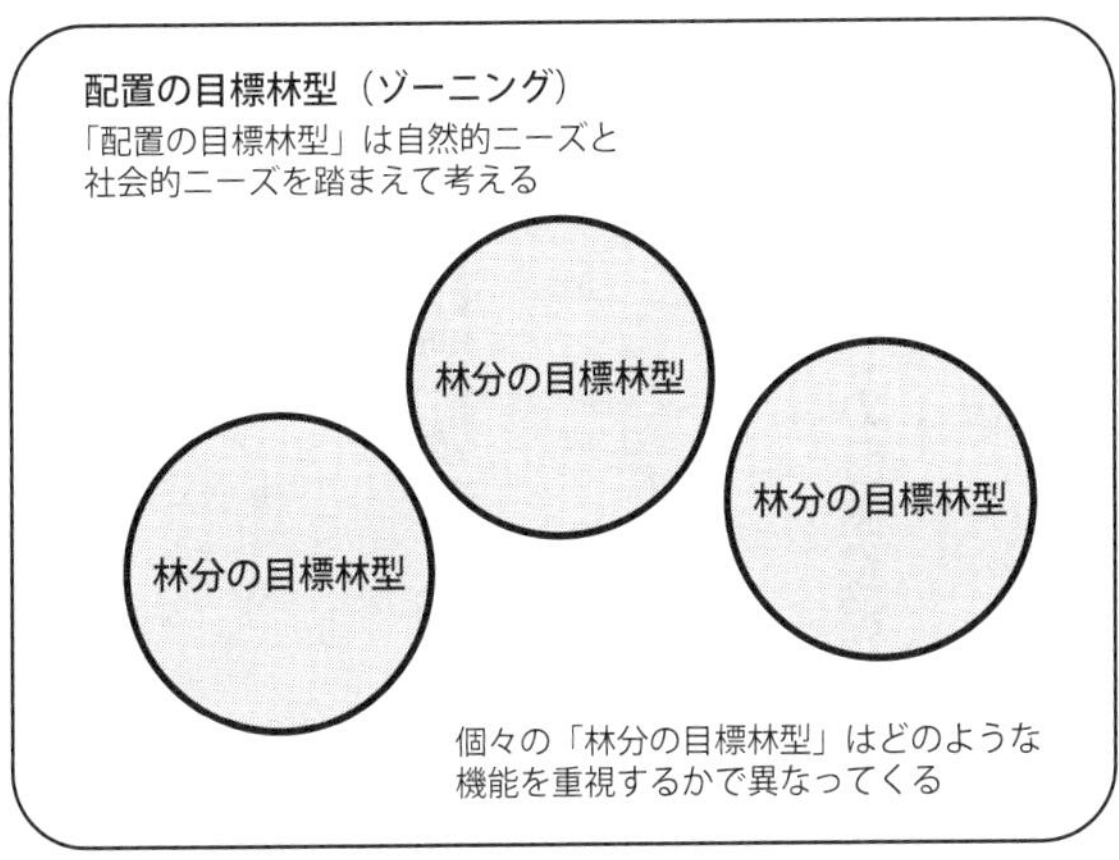

図3-1　「配置の目標林型」と「林分の目標林型」の関係

森づくりの基本が、森林の多面的機能の持続的発揮の確保にあることから、「流域レベル」と「林分レベル」という、2つの異なるスケールを念頭に置いて、どのような森林に導くかという目標を設定することが不可欠です（図3-1）。

流域レベル（例えば、施業団地としてまとめられる大きさ）では、当然ながら複数の林分が含まれますので、それらをいかに適正に流域内に配置していくかを考えることになります。そのために、地域の森林に対する自然的・社会的ニーズを把握する必要があるでしょう。林分レベル（例えば、同一の作業が行われる、林小班程度の面積の森林）では、求められる機能に応じた目標林型を個々の林分に当てはめていくことになります。林分レベルでは、当然ながら森林のタイプによって目標林型の意味と求められる施業の形も変わってきます。市町村が経営管理の対象地とする林分の中には林業経営に向かない林分が含まれるわけですが、そのような林分の場合、人工林を針広混交林に転換することが目標のひとつとなるでしょう。

配置の目標林型（ゾーニング）

前節では、なぜ目標林型が重要であり、そこに2つの異なる目標設定が必要であることを説明してきました。ここでは、まず「流域レベル」の目標設定について、説明を加えていきます。

流域レベルでの目標設定

前節では、流域レベルの目標設定には、地域の森林に対する自然的および社会的ニーズの把握が必要であることを述べました。自然的なニーズとしては、地形や土壌・気候などの自然条件が考えられ、それらに従った森づくりが必要となります。例えば明らかに地位の劣る立地で針葉樹人工林を積極的に配置するのは、先に示した「合自然性の原則」に反します。逆に路網が整備され、地位の高い場所では、木材生産を指向した森林配置が「経済性の原則」からも理にかなっています。現在の森林管理を考える上で、生物多様性の保全を無視することはできないことは、すでに述べましたが、ゾーニングにも当然ながらその考えは当てはまります。[*10]人工林、天然林、天然生林といった異なる林相を組み合わせることで、生態系の多様性が確保されます。

もうひとつの社会的ニーズ[*11]については、以下の点に配慮すべきでしょう。

●森づくりには多額の税金が投入されており、国民の理解と協力を得ながら森づくりを進めていく

●地域の森林に期待される機能を明らかにした上で、森づくりの方向性を分かりやすく示す

現在、市町村森林整備計画では、「水源涵養機能」、「山地災害防止機能／土壌保全機能」、「快適環境形成機能」について、それぞれの機能の維持増進を図るための森林施業を推進すべき森林の区域を設定することになっています。さらに、保健・レクリエーション機能、文化機能、

表3-1　市町村森林整備計画のゾーニング

区分	
ア．水源の涵養の機能の維持増進を図るための森林施業を推進すべき森林（水源涵養機能維持増進森林）	総じて「公益的機能別施業森林」
イ．土地に関する災害の防止及び土壌の保全の機能の維持増進を図るための森林施業を推進すべき森林（山地災害防止機能／土壌保全機能維持増進森林）	
ウ．快適な環境の形成の機能の維持増進を図るための森林施業を推進すべき森林（快適環境形成機能維持増進森林）	
エ．保健文化機能の維持増進を図るための森林施業を推進すべき森林（保健文化機能維持増進森林（生物多様性保全を含む））	
オ．その他の公益的機能の維持増進を図るための森林施業を推進すべき森林	
カ．木材の生産機能の維持増進を図るための森林施業を推進すべき森林（木材生産機能維持増進森林）	

・複数のゾーニングを重複して設定することも可能
・期待する機能が定まらない森林については、特段のゾーニングを指定しない白地とすることも可能

「令和2年度　森林総合監理士（フォレスター）基本テキスト」（林野庁 2020）をもとに作成

生物多様性保全機能を「保健文化機能」としてひとつにまとめて、その機能の維持増進を図るための森林施業を推進すべき森林の区域も設定されます。このような多面的機能に着目した区域に加え、木材生産機能の維持増進を図るための区域も設定され、市町村のゾーニングが設定されます（表3－1）。それぞれの機能によって、林班等の広い範囲をゾーニングの単位にする場合や、林班という単位にとらわれることなくゾーニングを設定する場合があり、相互に重複する場合も出てきます。最終的には、地域の要請や推進すべき森林施業を考慮に入れて、広域なゾー

ニングを設定することになります。

（＊10）森林総合研究所では、林野庁と共同で「多様性に配慮した森林管理テキスト」を作成しており、この中でも森林配置についての解説がなされている。http://www.ffpri.affrc.go.jp/research/4strategy/18biodiversity/index.html

（＊11）林野庁が作成した平成24年度准フォレスター研修資料「森づくりの構想①（基本的な考え方と目標林型）」を参照した。https://www.rinya.maff.go.jp/kinki/sidou/pdf/moridukuri1.pdf

どのように森林を配置するのか

ここでは、より狭い範囲でのゾーニングについて考えてみましょう。図3-2は、配置の目標林型の例ですが、若齢から高齢に至るまでの人工林や集落周辺の天然生広葉樹林（広葉樹二次林）などが、奥地の天然林とともに混成しています。これまでに何度も取り上げてきましたが、人工林として経営が成り立つ立地では、「経済性の原則」と「保続性の原則」に則り、従来通りの人工林施業が行われるべきでしょう。目標設定によっては、伐期の延長による長伐期林の配

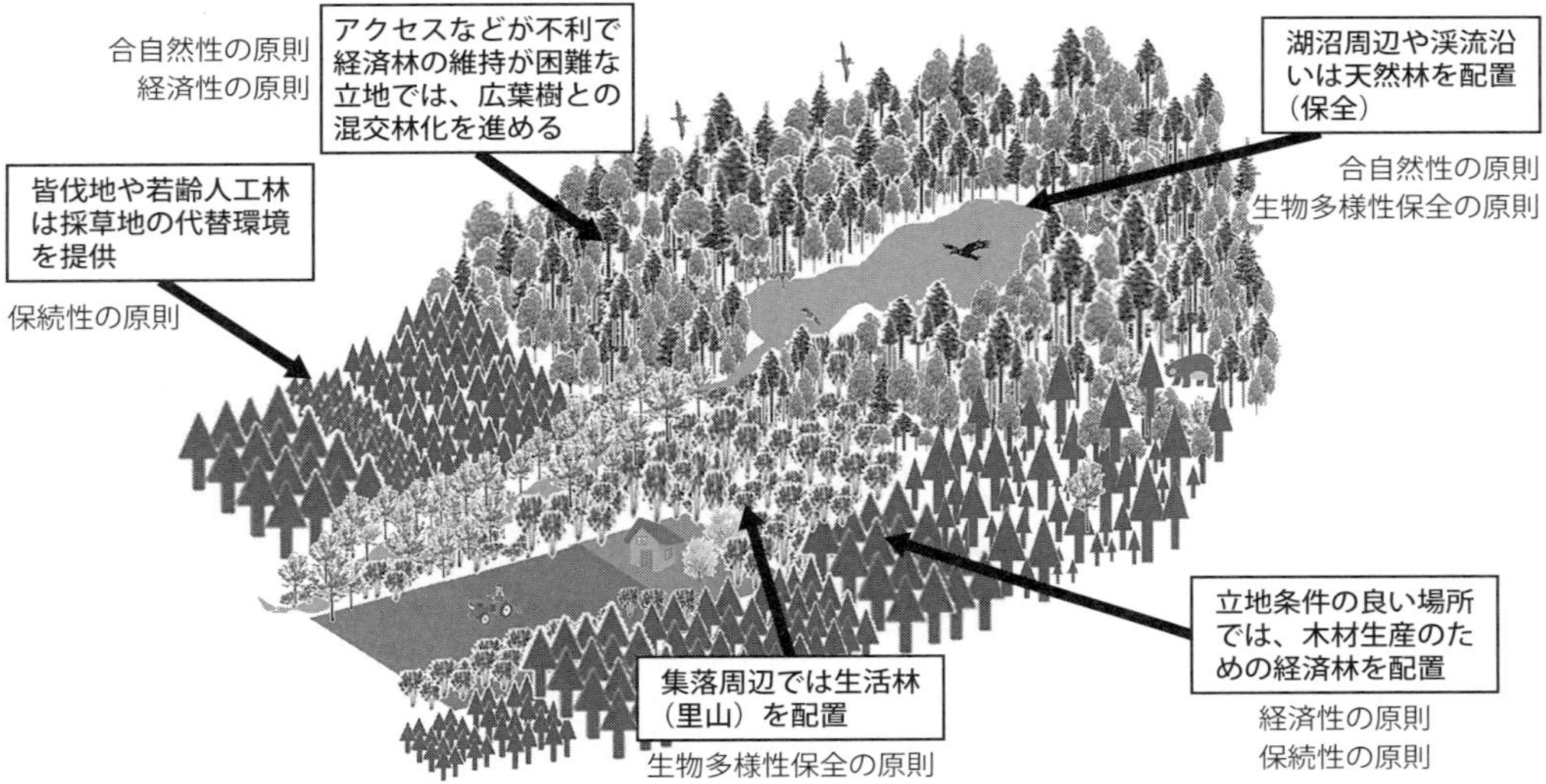

合自然性の原則
経済性の原則

アクセスなどが不利で経済林の維持が困難な立地では、広葉樹との混交林化を進める

湖沼周辺や渓流沿いは天然林を配置（保全）

合自然性の原則
生物多様性保全の原則

皆伐地や若齢人工林は採草地の代替環境を提供

保続性の原則

立地条件の良い場所では、木材生産のための経済林を配置

経済性の原則
保続性の原則

集落周辺では生活林（里山）を配置

生物多様性保全の原則

図3–2　機能に着目したゾーニングの例

「森林施業プランナーテキスト」（森林施業プランナー協会）の図をもとに作成

置が考えられます。逆に経済的に人工林が成立しがたい場所では、広葉樹との混交林（育成複層林）を目標林型とすることになります。まさに本書が対象とする森林です。これは「合自然性の法則」に適うものです。

家庭のエネルギー供給源が薪や炭に依存していた時代は、集落周辺にある薪炭林（いわゆる里山）が持続的に利用されてきました。しかし、現在では管理放棄され、かつてないほど高齢化かつ大径木化した薪炭林由来の天然生林が存在しています。図3-2の中では、集落の周辺には生活林の配置を提案していますが、この場合、再び萌芽再生による更新を期待する林分にするのか、あるいは風致的な機能を期待するのかなど、森林資源としてどのように活用していくのかを考えていく必要があります。このことは里山という生活林があることで、「生態系の多様性」と「種の多様性」を維持することに繋がり、「生物多様性保全の原則」に沿った考えになります。

また、図3-2では、湖沼や渓流沿いについて、水源や河川の水質の維持を期待して天然林を配置しています。渓流沿いの立地は、林業的に生産力の高い場所と重なる場所が多く、現実にはこのような配置は難しいかもしれませんが、渓畔林により発揮される機能が多数あることから、人工林への転換は避けたいところです。この考えは、「合自然性の原則」だけでなく、「生物多様性保全の原則」にも通じます。一方で渓畔域では、土砂流出を防備する観点などからも森林が存在していることが何よりも重要であり、すでに成立している人工林の保育をきちんと実施して管理していくことも大切です。これら渓畔域の人工林を天然林に転換を目指すことも考えられますが、転換に伴う撹乱が大きい場合、人工林の一部を伐採して、段階的に林種転換を目指すという柔軟な計画が必要でしょう。

林分の目標林型

林分の目標林型

林分の目標林渓は、対象とする森林にどのような機能の発揮を期待するかによって変わってきます。木材生産のための植林された針葉樹人工林であれば、目的とする利用経級（例えば直径30㎝）を設定すれば、目標時の立木密度と伐期が定まります。そうなればそこに至るまでの間伐のスケジュールがおのずと決まります。この考え方からは、伐期はどの林分でも一律ではなく、対象とする林分の立地条件によって、伐期も変化することになります。本書は林業経営に適さない林分の森林施業を対象としていますので、この部分の説明については、他の成書[*12]にお任せすることにします。

天然林の中でも、生物多様性保全の機能が期待される原生的な天然林の場合、人為による影響を最小限にし、機能の劣化を招かないように保護することになります。薪炭林として利用されてきた広葉樹二次林は、炭や薪の生産だけではなく、里山として多くの動植物の生息環境を提供してきました。２章のタツダヤマヤエクチナシの保全策の失敗例でもわかるように、木材生産とそれ以外の機能が複合的に発揮されることを念頭に施業を考える必要があります。

（＊12）「森林施業プランナーテキスト改訂版」（全国森林組合連合会　２０１６）、「林業改良普及双書　№１６３　間伐と目標林型を考える」（藤森　２０１０）など

２つの目標林型を考える必要

林分の目標林型では、①最終到達点としての目標林型、②途中段階の目標林型、をそれぞれ

考えておく必要があります。後者は、現況から最終目標に至る通過点を示すものです。間伐は、途中段階の目標林型を整える作業と言えます。最終到達点が変われば、当然、その途中での間伐方法も変わります。また、現況が違えば、最終目標が同じでも間伐方法は変わってきます。そして間伐も一回だけではなく、最終目標に達するまでに複数回必要となることが想定されます。そこで重要なのが、現況から間伐を経て、最終目標に向かって正しく進んでいるかを確認する作業が必要です。もし、この確認作業によって、目標とする林分への到達が難しいと判断された場合、代替えの目標への切り替えも必要です。工業製品の品質管理でも行われている、PDCAサイクル[*13]と同じ作業をすることで、失敗のリスクを低減することができるでしょう。

（＊13）計画（ＰＬＡＮ）↓実行（ＤＯ）↓評価（ＣＨＥＣＫ）↓改善（ＡＣＴＩＯＮ）という流れで業務を継続的に改善する仕組み

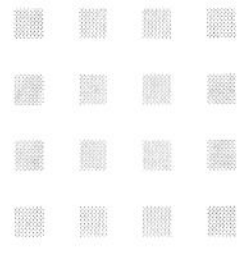

4章

針葉樹人工林の広葉樹林化

基本となる考え方

広葉樹林化とは何か？

本書は、新たな森林経営管理制度のもと、林業経営に適さない人工林を市町村が実施主体となって育成複層林に誘導する際の天然更新技術について、解説することを目的としていることは、冒頭で述べたとおりです。森林・林業基本計画（２０１６（平成28）年5月策定）において、育成複層林とは、「森林を構成する林木を帯状若しくは群状又は単木で伐採し、一定の範囲又は同一空間において複数の樹冠層を構成する森林として、人為により成立させ維持される森林」と定義されています。

近年、育成複層林に関する説明の中に「天然力」という言葉がよく見られるようになりました。ここでいう、天然力とは自然に散布された種子が発芽・生育することを指しています。したがって、「天然力を活用した」という文言からは、人工林内に植栽樹種以外の樹種を侵入・定着させることを意図していることが読み取れると思います。さらに付け加えると、侵入・定着を期待するのは広葉樹であり、針広混交林が目指すべき林分の姿のひとつになります。このため森林経営管理制度で目指す育成複層林について多くの市町村は、植栽した針葉樹に新たに針葉樹を植栽する複層林（あるいは複相林）というよりも、針広混交林とすることを考えていると思います。

針広混交林は、森林管理を考えるうえで目指すべき森林の姿、いわゆる目標林型になります。そして、針広混交林に誘導するための手段が人工林の広葉樹林化となります。広葉樹林化は、森林経営管理制度の趣旨が示すように、林業の持続的発展および森林の多面的機能の発揮を目指すために必要な手段のひとつであり、広葉樹林化自体が目的ではないことを十分に注意しなければいけません。

広葉樹林化の目標林型―木材生産か環境保全か

広葉樹林化を進める上で、その目標林型は「木材生産」と「環境保全」の2つに分類することができるでしょう。図4-1は、針広混交林にどのような機能を求めるのかを基準に分類したものです。期待する機能が異なれば、目標とする森林に混交する広葉樹の樹種も変わってきま

①樹種を選ばない先駆性中低木主体の広葉樹林

②風散布種子で一斉更新する高木性二次林

③萌芽力が強い樹種が優占する高木性二次林

④多種多様な樹種で構成される原生的な高木林

目指す目標林型はどれか？（写真①-④）

1．表土流出防止や単一林を避けたい場合
 ➢ ①③④
2．景観や生物多様性などの公益的機能を維持しながらも木材生産を目指す場合
 ➢ ②③④
3．元の森林に復元したり、多面的機能を適正に維持したい場合
 ➢ ④

図4-1　広葉樹林化の目標林型の種類

出典：森林総合研究所「広葉樹林化ハンドブック2010－人工林を広葉樹林へと誘導するためにー」

す。森林経営管理制度で育成複層林への転換を目指すのは、林業経営が成り立たない森林を対象にすることを考えると、おのずと目標は「環境保全」を中心に考えることになるでしょう。路網の整備が進み、広葉樹材の需要に変化が生じれば、広葉樹の木材生産を目的にした林分も視野に入ってくるかもしれませんが、現状ではその時期は来ていないでしょう。

一方で木材生産を期待する場合でも、高木性の広葉樹が多種多様に含まれていることが望ましいことから、環境保全を期待する場合と目標林型は一致することになります。したがって、まずは、針広混交林の目標林型としては、多種多様な高木性の広葉樹が生育する森林とするのが良いでしょう。なお参考までに、木材生産を指向する場合、収穫する材の通直性など形質が重要となってきますので、[*14] そのための間伐が必要になってきます。

（＊14）木材生産のための広葉樹林の間伐は、副え木を残すなど、人工林の場合と大きく異なる。

代替え案を用意する意味

広葉樹林化は、まず人工林に広葉樹の稚樹が混交していなければ始まりません。その一方で

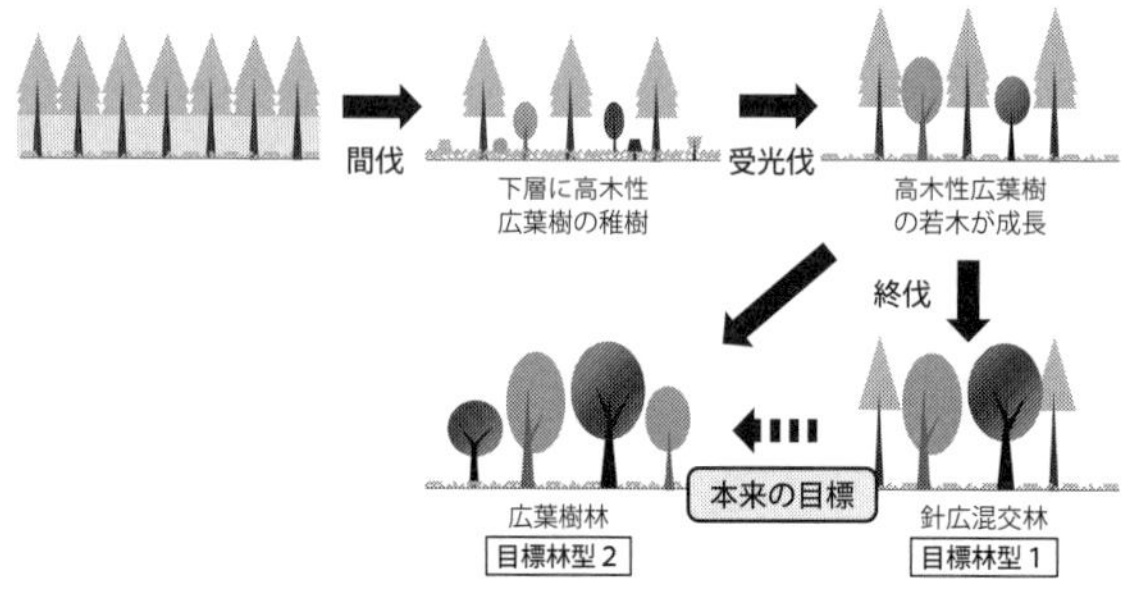

図4-2　広葉樹林化の目標林型設定の流れ（その１）

森林総合研究所「広葉樹林化技術」をもとに作図

通常の人工林施業では、初期保育段階から下刈りや除伐を通じて、広葉樹は植栽木の成長を阻害するものとして、排除されてきました。つまり、広葉樹林化の前提となる、人工林内の広葉樹稚樹が十分に無い可能性があるわけです。加えて、対象となりうる人工林は林業経営に向かない林分であるため、間伐遅れなどの手入れ不足により、広葉樹の成長に必要な光環境が整っていない可能性が高いでしょう。そこで、広葉樹林化の最初の作業は、林内の光環境を改善する間伐から始まることになります（図4-2）。帯状若しくは群状に伐採された場所に生育する広葉樹稚樹の定着と成長を促すため、更に複数回の伐採が行われ、最終的に針広混交林へ誘導します（図4-2の目標林型1）。場所によっては、広葉樹の混交割合が高くなることもあるでしょうが、その場合、植栽した針葉樹を伐採し、広葉樹林への誘導を目指すことも可能です

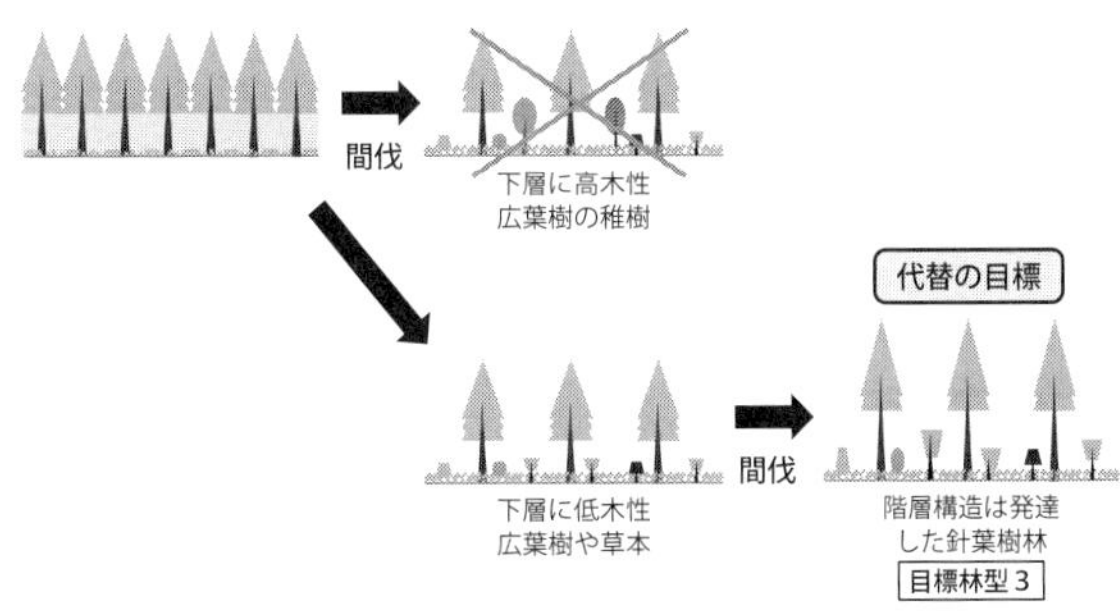

図4–3　広葉樹林化の目標林型設定の流れ（その2）

森林総合研究所「広葉樹林化技術」をもとに作図

（図4－2の目標林型2）。ここまで誘導できれば、理想的ですが、現実はそんなに簡単ではないでしょう。広葉樹、特に高木性の樹種がほとんど生育していない場合、植栽をしない限りは高木性の広葉樹を交えた林分への誘導はほぼ不可能だと思われます。そのような場合、図4－2に示したような目標林型に固執しても、どうにもなりません。このような場合、代替の目標に切り替える判断が必要となります。例えば、林内に低木性ツツジ類などの広葉樹が優占し、高木性の広葉樹が生育していない場合、階層構造の発達した針葉樹林を代替の目標林型にすることになります（図4－3）。自然環境を相手にする森林管理では、当初の予定通りにはことが運ぶとは限りません。定期的な観察に基づき、当初の目標林型への誘導が困難と判断されたなら、代替の目標林型への誘導へと切り替えるという、順応的な管理が求められるでしょう。

ところで、図4-2および図4-3で広葉樹林化は間伐から開始となっていますが、森林整備事業でこの段階の作業は「更新伐」としています。林野庁の「森林環境保全整備事業実施要領」によると、更新伐は「育成複層林の造成及び育成並びに人工林の広葉樹林化の促進、天然林の質的・構造的な改善のための適正な更新を目的としてXⅧ齢級以下の林分（長期育成循環施業による場合はX齢級以上の場合に限る。）で行う不用木（侵入竹を含む。）の除去、不良木の淘汰、支障木やあばれ木等の伐倒、巻枯らしとする。」（一部抜粋）とされています。本書では、このような目的で実施された更新伐を含めて、「間伐」で統一することにします。

不成績造林地に見る混交林化の仕組み

不成績造林地とは、経済林の視点から見た話になります。不成績造林地の多くは、標高や土壌の水分条件が適地とは異なる環境への植栽や、下刈り、ツル切りなどの初期保育の不足による生育不良など、針広混交林のヒントにはならない林分でしょう。その一方で、一部の不成績造林地では、植栽した針葉樹の中に広葉樹が混交するという構造を示し、まさに目標とする針広混交林の姿となっています。図4-4は、生育不良のスギ林にウダイカンバが侵入・定着し

図4–4　スギ林にウダイカンバが侵入・定着した針広混交林

このスギ林では、雪の被害によってスギが枯死し、その空いたスペースにウダイカンバ が侵入・定着している。

て混交林化した林分です。意図的ではなかったにせよ、このような針広混交林が育成複層林として目指すべき姿を示していると言えるでしょう。

失敗には必ず理由があるはずです。その理由を明らかにして対策を施さないと同じ過ちを繰り返すことになりますし、技術の進歩もありません。でも裏を返せば、この不成績造林地とされる失敗も広葉樹の定着という面から見たら、成功事例のひとつとして捉えることができるでしょう。すなわち、広葉樹が定着したということは、天然更新に成功したということになります。

先ほど示した図4-4は、積雪によっ

て植栽木の生育が影響を受けて、空いたスペースに広葉樹の天然更新が可能になったわけですが、そこには光環境の改善が関わっています。この点については、後ほど、説明を加えていくことにします。

100年を超える目標設定が必要

お手本となる針広混交林を目にすれば、目標林型を考える上でもイメージが湧きやすいのではないでしょうか。現在、全国の森林管理局で「美しい森づくりのモデル的取組」が行われ、その中で針広混交林[*15]を目標にした林分がいくつか紹介されています。これ以外にもわれわれの周辺にて、このような目的で利用できそうな林分を探すのであれば、100年を超える高齢級の人工林の林分構造が参考になるでしょう。鈴木ら(2005)は茨城県内の20~240年生のヒノキ人工林の林分構造を比較した結果、広葉樹の侵入によって、群集組成が多様化するだけでなく、複雑な階層構造が発達することを示しました(図4-5)。通常では伐採の時期に相当する50年生のヒノキ林でも広葉樹の混交は認められず、100年生の林分になってようやく下層(高さ5mくらいの階層)に広葉樹の出現が認められました。そして、植栽した針葉樹と侵

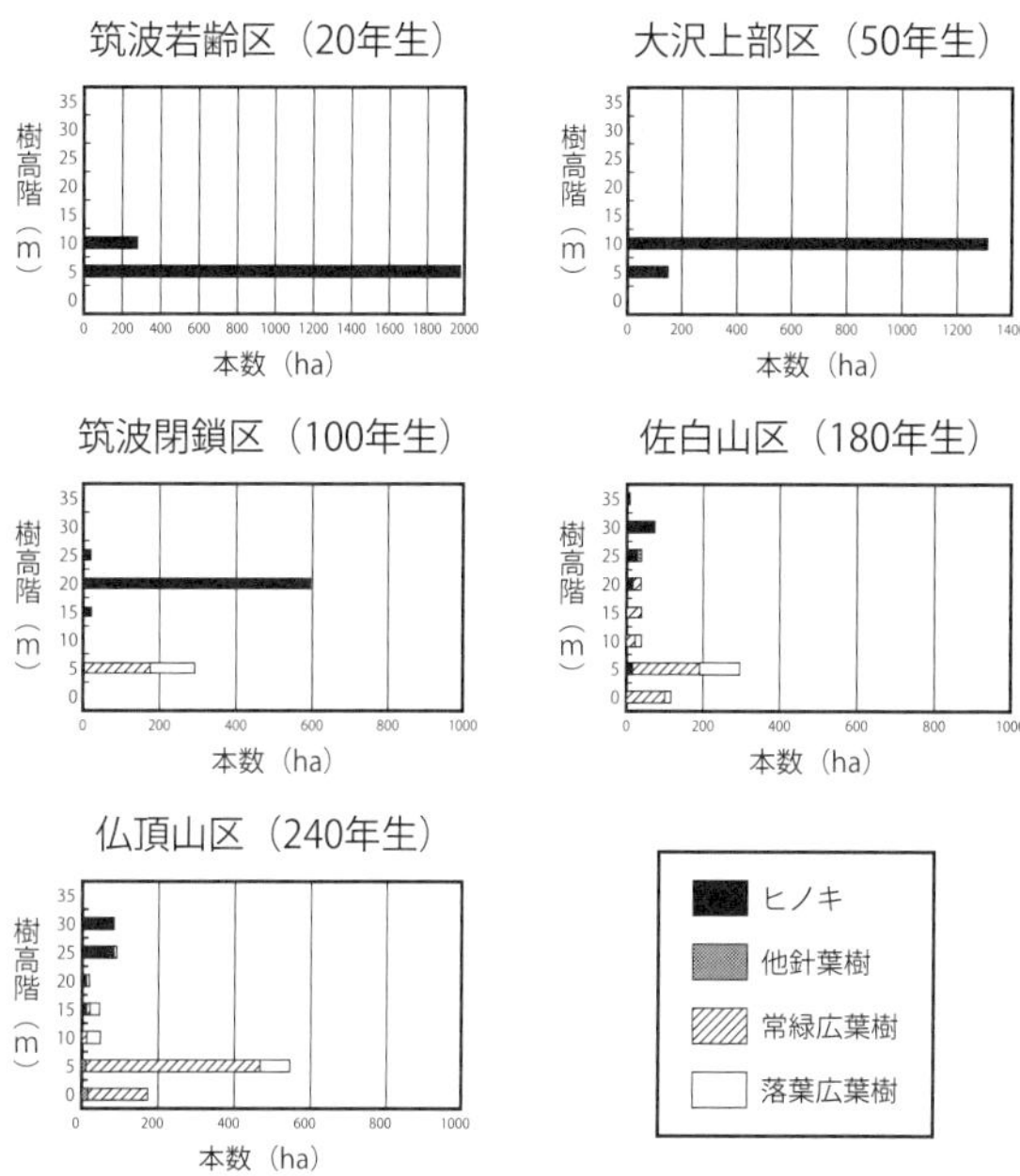

図4-5　ヒノキ人工林の樹高階分布の変化

出典：鈴木和次郎・須崎智応・奥村忠充・池田伸（2005）　高齢級化に伴うヒノキ人工林の発達様式．日本森林学会誌87: 27-35

入した広葉樹が上層で並び立つようになるには、100年では十分ではなく、180年から240年までかかるのです。無論、立地環境が変われば、この年数は変化する可能性はありますが、針広混交林が成立するには、30年から50年という短い期間ではなく、100年オーダーの時間が必要であることを念頭に入れ、施業計画を考えていく必要があります。

（＊15）林野庁のＨＰ内の国有林内の森林整備の一例として、紹介されている。https://www.rinya.maff.go.jp/j/kokuyu_rinya/attach/pdf/seibi-7.pdf

間伐が広葉樹侵入のチャンス

長期の目標設定が重要と言いましたが、人工林への広葉樹の侵入時期が分からないと長期にわたる計画も立てられませんし、対象とする林分が、広葉樹導入には手遅れ（あるいは困難さが増す）なのかどうなのかという判断もつきません。図4-6は、人工林内に広葉樹が侵入・定着する過程を示した模式図になります。人工林内に生育する広葉樹の稚樹は、周辺にある広葉樹林を供給源として散布された種子が発芽、定着したものです。周辺広葉樹林からの種子の散布や稚樹の成長に関しては次節で詳しく説明しますが、これら一連の過程で重要なのが、広葉樹稚樹はどのような条件の時に人工林内に侵入して定着できるのかということです。

ここでは、針葉樹人工林に広葉樹が侵入・定着する過程を調査した結果を2つ紹介します。図4-7は、北海道のトドマツ人工林への広葉樹の侵入および成長過程を間伐の履歴とともに

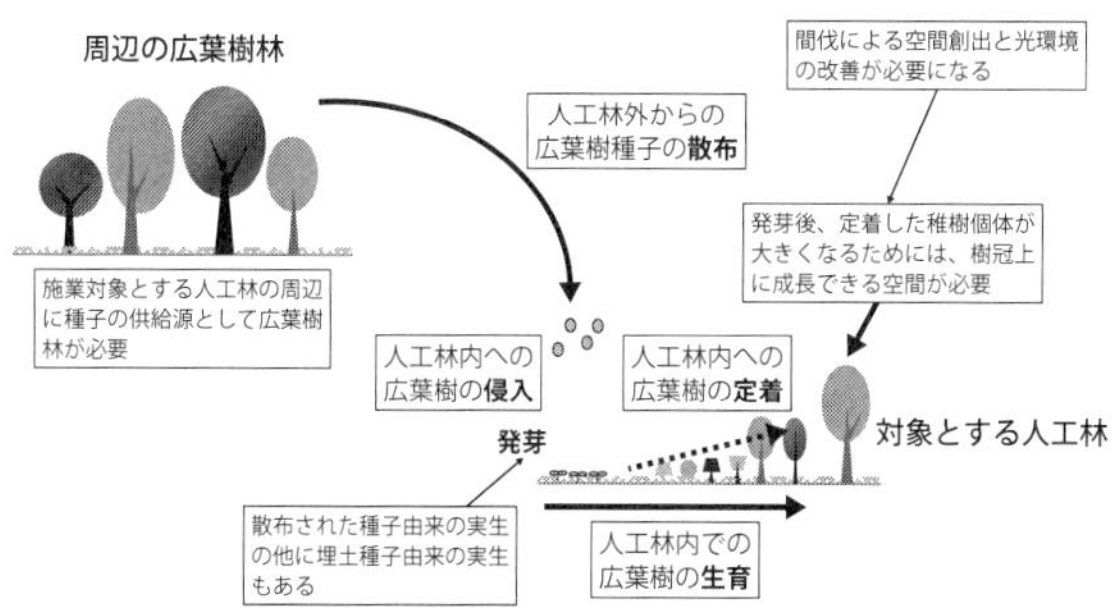

図4–6　人工林へ広葉樹稚樹が侵入・定着する過程の模式図

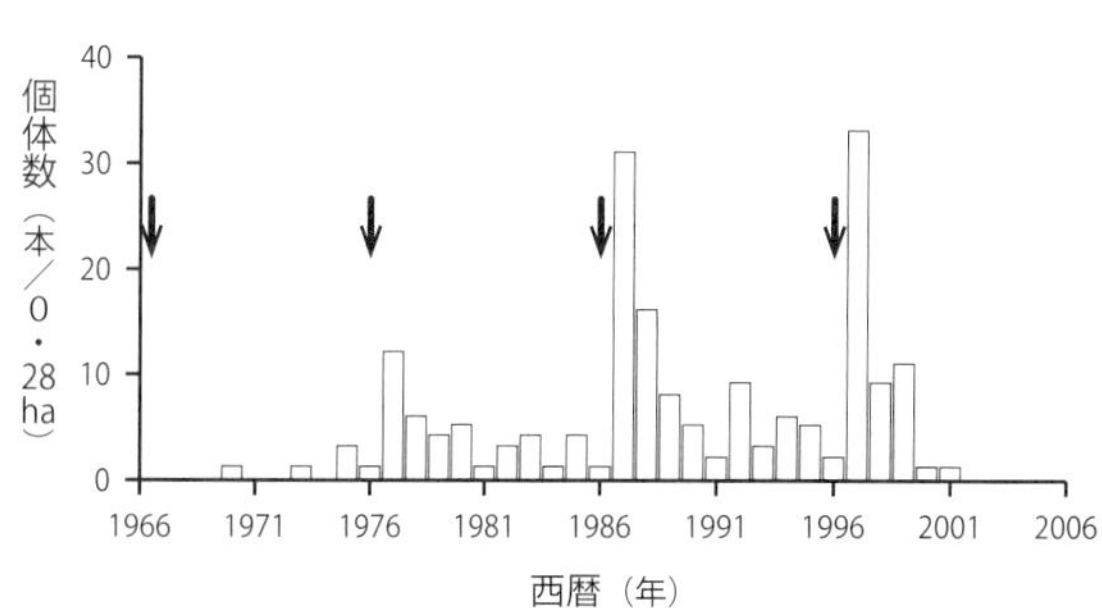

図4–7　トドマツ人工林に混交する広葉樹の侵入時期と間伐の関係

矢印は間伐の実施年を示している。

出典：野々田秀一・渋谷正人・斎藤秀之・石橋聡・高橋正義（2008）トドマツ人工林への広葉樹の侵入および成長過程と間伐の影響. 日本森林学会誌90: 103-110

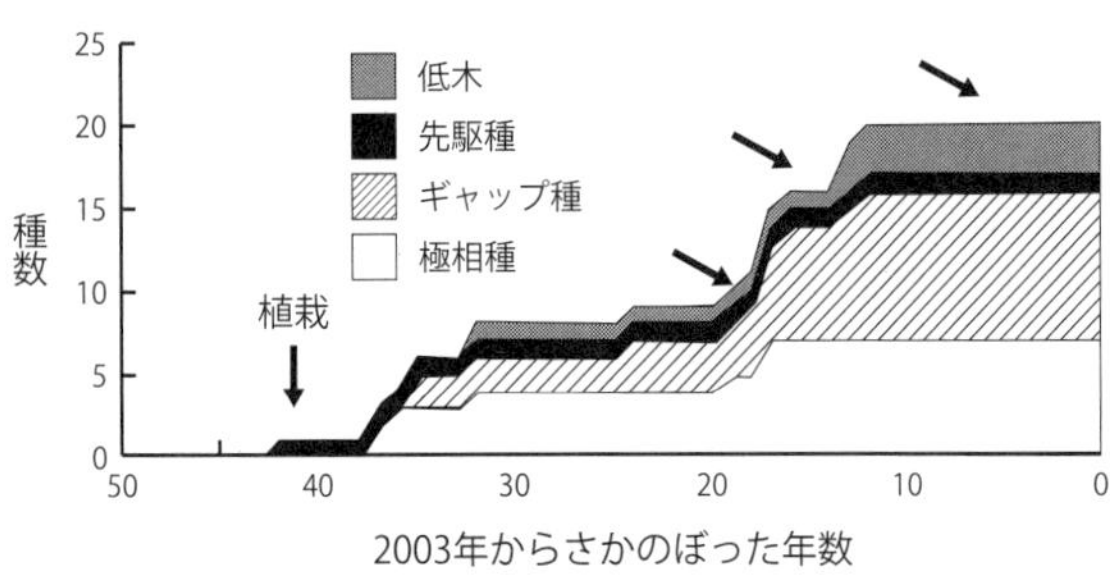

図4-8　カラマツ人工林に混交する広葉樹の種数の推移

矢印は間伐を実施した翌年の春を示している。

出典：花田尚子・渋谷正人・斎藤秀之・高橋邦秀（2006）　カラマツ人工林内における広葉樹の更新過程．日本森林学会誌 88：1-7

追跡した調査結果です（野々田ら ２００８）。約40年生時（１９６６年）に初回の間伐後、定期的に３回の間伐が実施されていますが、２回目以降の間伐直後に侵入・定着した広葉樹個体数のピークが見られ、間伐が広葉樹の侵入契機となっていることがわかります。また、胸高（地表からの高さ１・３ｍ）における肥大生長量の計測結果からも、間伐は広葉樹の成長を促す効果があることが示されています。

次に間伐後に侵入・定着した広葉樹の種組成を分類した結果を、図４-８に示します。北海道のカラマツ人工林の事例（花田ら ２００６）ですが、ここでも間伐後に広葉樹の更新個体数が増える傾向が見て取れます。そして広葉樹の樹種数は間伐とともに段階的に増えることも示されています。小面積の林冠疎開でも更新できるギャップ種（ここでは、ホオノキ、ミズキ、コシアブラ、ハリギリなど）が初回の間伐で大きく増えています。以上のことから、広葉樹の侵入と定着、そしてその後の成長を促すためには、間伐が重要であることがわかります。

天然更新の仕組み

前節では、広葉樹林化について説明をしましたが、その施業の中身は天然更新となります。ここでは、広葉樹の天然更新の仕組みについて解説をしていきます。

天然更新の種類

天然更新とは、植栽によらず、自然に発生した稚樹によって世代交代がされることです。稚樹の発生を種子に依存する場合、種子を供給する母樹の残し方で２つに分けることができます（表４-１）。

表4-1　天然更新施業のタイプ

施業の名称	特徴
天然下種更新	母樹から種子を散布させて、自然に生えてくる稚樹、あるいはすでに生えている稚樹を利用する更新方法
上方下種更新	択伐や群状伐採で母樹を残す
側方下種更新	帯状伐採で母樹群を残す
萌芽更新	切り株から発生する萌芽枝を成長させる
天然下種更新と萌芽更新の併用	

出典：全国林業改良普及協会編「ニューフォレスターズ・ガイド」

●上方下種更新
●側方下種更新

上方下種更新は、上層に母樹を残しておく必要があります。しかし、人工林の広葉樹林化の場合には稚樹として期待するのは上層の針葉樹ではないので、上方下種更新は使えないことになります。一方で、側方下種更新は、帯状に伐採した更新面に側方にある母樹からの種子散布を期待するものです。アカマツやカンバ類での実施例が知られています。

下種更新の他に、薪炭林やシイタケの原木林で用いられてきた、萌芽更新があります。萌芽更新の場合、切り株から発生した萌芽（ひこばえ）を活用することから、人工林内に萌芽可能な広葉樹がすでに生育していることが必要になります（図4-9）。したがって、広葉樹林化の場合、伐

図4-9　広葉樹（アラカシ）の前生稚樹

萌芽による更新が見られる。

採によって萌芽更新を期待するよりも、すでに生育している個体を伐採せずに活用する方が確実でしょう。

作業の流れ

広葉樹林化では人工林内に広葉樹を定着、成長させることが必要ですので、まずは間伐から始まることになります。その後、広葉樹稚樹の成長を促すため、間伐を追加で行うことになります。この作業の流れは、まさに「漸伐（ぜんばつ）作業」です。

漸伐作業では、林内更新を完成させるため、林内の光環境を考慮しながら、上木の伐採を数度に分けて行います。上木を傘に見立て、傘の下で更新を行うことから、「傘伐作業」とも呼ばれるその作業内容は、基本的に下記のように区分されます。

●予備伐
●下種伐（間伐）
●受光伐（間伐）
●後伐

予備伐は、母樹の結実を促進させるためのものですが、母樹を林外に期待する広葉樹林化では不要になります。下種伐（間伐）は、林床に稚樹を発芽、定着させるためのものです。受光伐（間伐）は、定着した広葉樹の成長に必要な光環境の確保のための作業です。後伐（殿伐）とは、更新が完了したと判断した時点で上木を伐採する作業になります。人工林に広葉樹の稚樹定着を促すための間伐と、さらにそれら広葉樹稚樹の成長を促すための間伐を追加で行う作業によって、目標林型に誘導することになります。

広葉樹稚樹の3つの発生経路

下種更新の母樹として上木があてにできない広葉樹林化では、広葉樹の稚樹の発生経路は以下の3つに分けることができます。

- 前生稚樹
- 埋土種子
- 散布種子

前生稚樹は、間伐などの作業を実施する前に、すでに定着していた稚樹を指します。一方で間伐などの光環境が改善された後に侵入・定着した稚樹は、後生稚樹として区別しています。天然更新では、この前生稚樹が重要な役割を果たします。その理由は後ほど説明することにします。

前生稚樹が間伐前にすでに定着しているのに対し、埋土種子と散布種子は間伐後の稚樹の発生経路を主に示しています。埋土種子は、土壌中に含まれ休眠していた種子のことですが、間伐などによって光環境が改善された際、地表面の温度が上昇することによって、種子の休眠が解除されて発芽可能な状態になります。畑地などでも耕起後に雑草が繁茂することがありましが、これらの雑草は土中に埋もれていた種子から発芽したものです。森林の場合、草本だけでなく、樹木の種子も含まれるわけです。

散布種子は、鳥や哺乳類などが被食した種子が排泄されることによって散布されるものです。その他にも齧歯類などが貯食のために運び込むことで散布される場合もあります。また、翼を持った種子では風による散布がなされています。埋土種子の場合、土壌中にあっても発芽力を失わないことが必要です。ナラ類やカシ類などの堅果（どんぐり）は、埋土種子とならないことが知られています。また、種によって発芽能力を維持できる期間が異なり、長いものでは20年以上も埋土種子として寿命を持つ種があることが知られています。

前生稚樹がなぜ重要か？

天然更新が成功するためには、稚樹が存在して、それらが順調に生育することが必要です。そして、先に示した3つの稚樹の発生経路の中でも前生稚樹が重要な役割を果たしています。

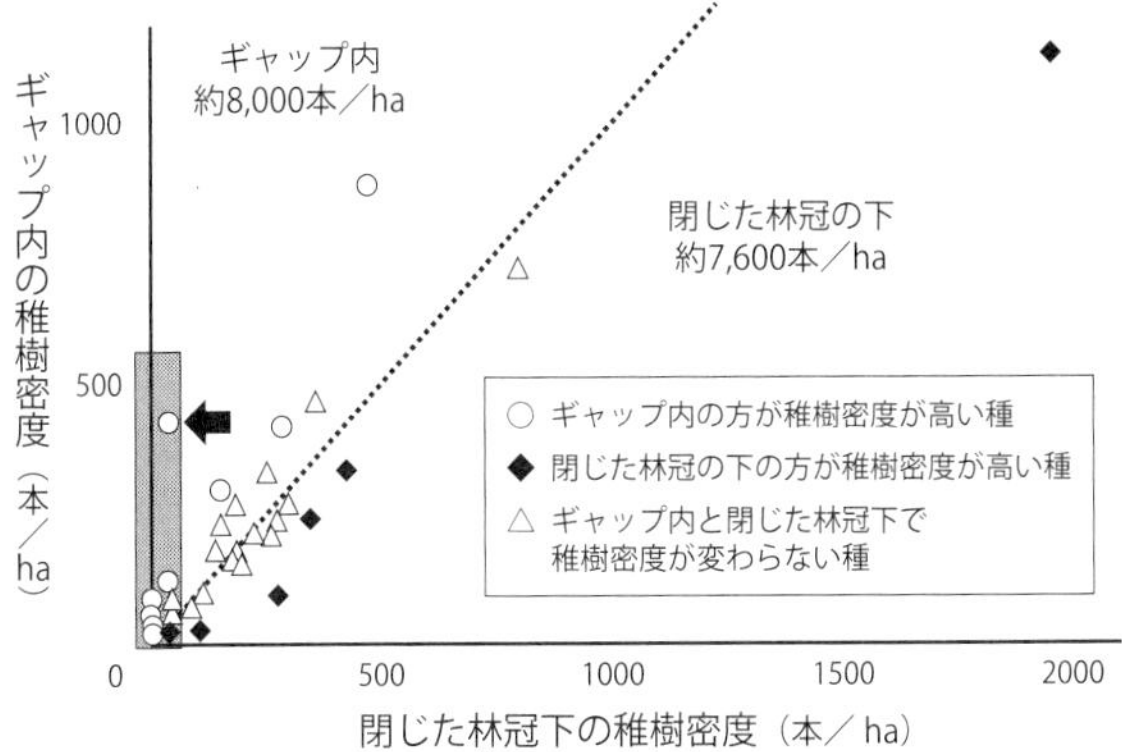

図4-10　成熟した広葉樹天然林における閉鎖林冠下とギャップ内の稚樹数の関係

破線は1：1の関係を示す。
稚樹は高さ30㎝以上、胸高直径５㎝未満の個体と定義した。

出典：Abe S, Masaki T, Nakashizuka T (1995) Factors influencing sapling composition in canopy gaps of a temperate deciduous forest. Vegetatio 120: 21-32

なぜなら、すでに林内に存在している前生稚樹に比べて、埋土種子と散布種子による稚樹の発生は後述するように不確実と言わざるを得ないからです。したがって、天然更新の成否を決める要因のひとつは、前生稚樹の存在にあると言っても過言ではないでしょう。

図4-10は、成熟した落葉広葉樹の天然林で、閉鎖した林冠の下と林冠層に疎開穴（ギャップ）が生じた場所の間で稚樹数を比較したものです。仮に光環境が改善した後でなければ稚樹が定着できないのであれば、閉鎖林冠下の稚樹密度は限りな

く低く、逆にギャップ内で密度が高くなるはずです。しかし、図4-10を見ると、多くの種で閉鎖林冠下とギャップ内の密度に大きな違いが認められません。このことは、ギャップによる光環境の改善がなくとも、閉鎖林冠下の環境で広葉樹の稚樹は定着できることを示しています。ただし、広葉樹と一口に言っても種類はさまざまで光に対する要求度も異なっています。一部の樹種、例えばミズキ（図4-10中の黒矢印で示した種）は、稚樹密度がギャップ下で多くなりますが、このような樹種では、光環境の改善がなければ稚樹の定着は期待できない場合もあります。

前生稚樹は、そのサイズが大きいほど、成長量だけでなく、生存率も高くなります。図4-11は、常緑広葉樹3種の前生稚樹が強度の間伐後に樹高と生存率がどのように変化したのかを示したものです。稚樹サイズが大きくなるに従い、箱ヒゲ図（図4-11の上段の図）の中央値が増加しています。このことは、初期の個体サイズが大きいほど、期間内（ここでは4年間）の樹高の成長量が大きい傾向にあることを示しています。個体の生存率では、初期の樹高が50㎝以上あると強度間伐後もほぼ100％近い生存率を維持しています。一方で高さ50㎝より小さな稚樹では、間伐後の経過年数が増えると生存率も低下していく、右肩下がりの傾向が見て取れます（図4-11の下段）。このことは、広葉樹林化を進めるにあたり、個体サイズの大きい前生稚樹が多

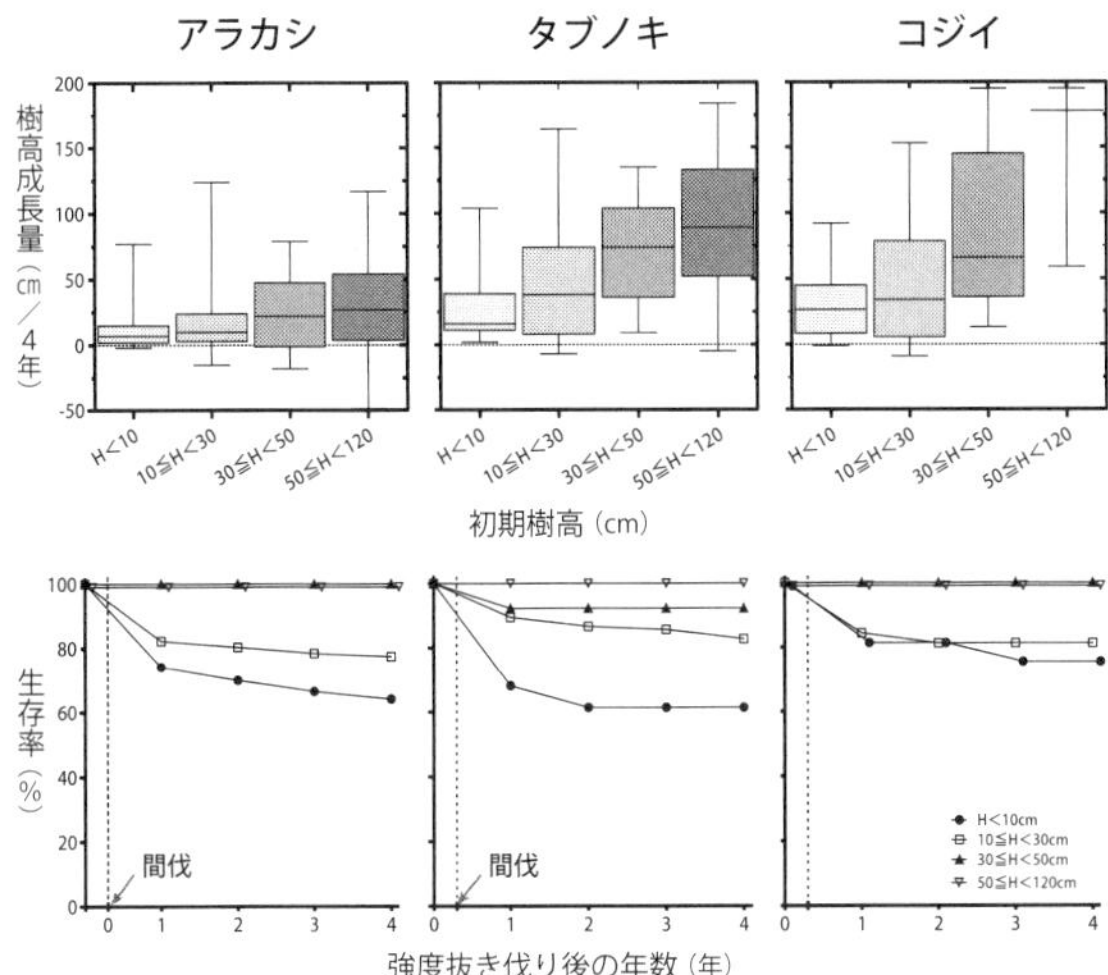

図4-11　前生稚樹の間伐後3年のサイズ別の成長（上段）と生存率（下段）の比較

上段の箱ヒゲ図は、上のヒゲが最大値、下のヒゲが最小値を示し、箱の上端、下端、中央線はそれぞれ75パーセンタイル、50パーセンタイル（中央地）、25パーセンタイルを示す。パーセンタイルとは、データを小さい順で並べたとき、ある数値がデータの小さい方から見て何%の位置にあるかを表すものである。

森林総合研究所「広葉樹林化ハンドブック2010－人工林を広葉樹林へと誘導するために－」をもとに作成

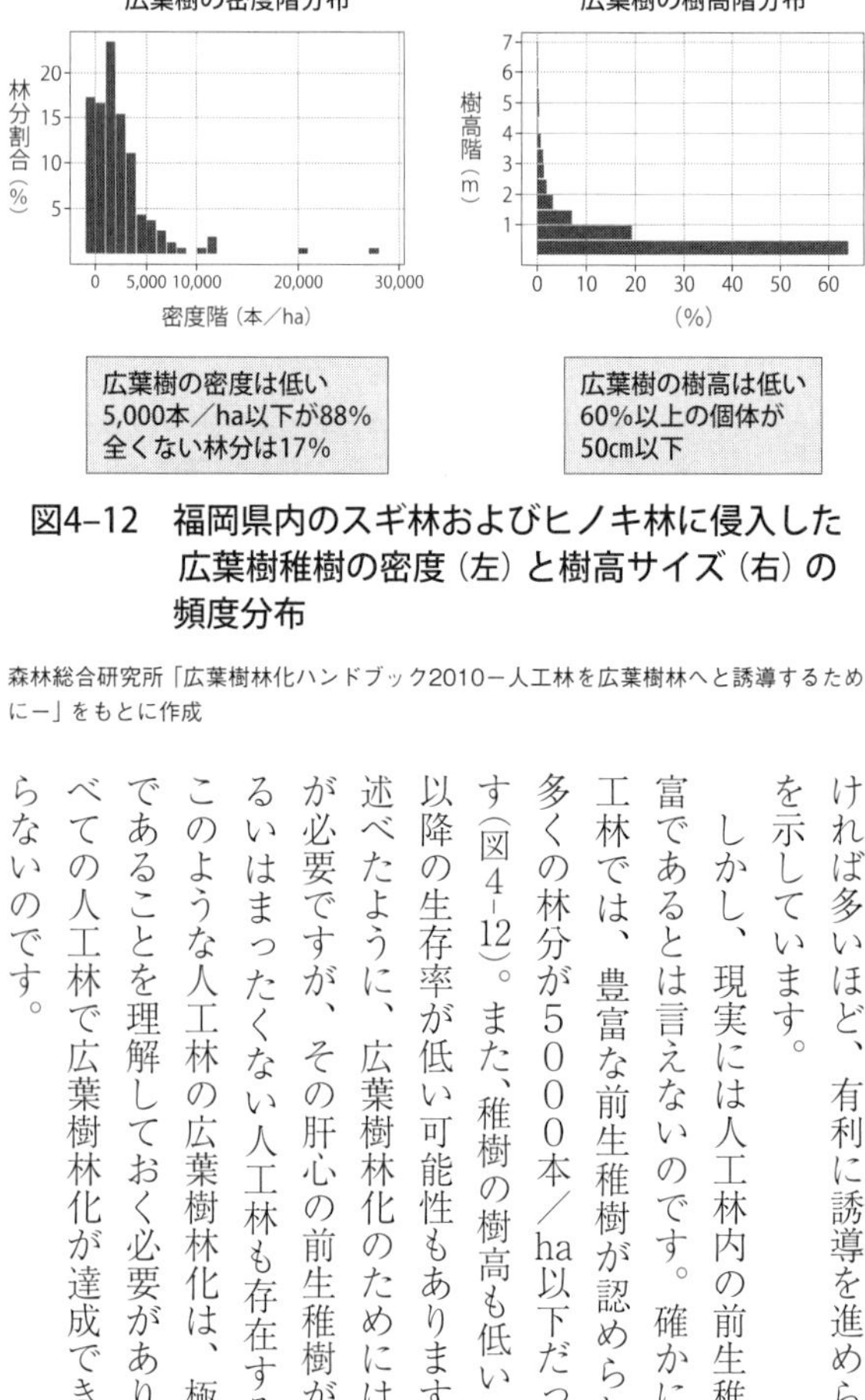

図4–12　福岡県内のスギ林およびヒノキ林に侵入した広葉樹稚樹の密度（左）と樹高サイズ（右）の頻度分布

森林総合研究所「広葉樹林化ハンドブック2010ー人工林を広葉樹林へと誘導するためにー」をもとに作成

ければ多いほど、有利に誘導を進められることを示しています。

しかし、現実には人工林内の前生稚樹は、豊富であるとは言えないのです。確かに一部の人工林では、豊富な前生稚樹が認められますが、多くの林分が５０００本／ha以下だったりします（図４－12）。また、稚樹の樹高も低いことから、以降の生存率が低い可能性もあります。冒頭に述べたように、広葉樹林化のためには前生稚樹が必要ですが、その肝心の前生稚樹が低密度あるいはまったくない人工林も存在するのです。このような人工林の広葉樹林化は、極めて困難であることを理解しておく必要があります。すべての人工林で広葉樹林化が達成できるとは限らないのです。

図4-13　代表的な先駆性樹種のカラスザンショウの芽生え

埋土種子の多くは、カラスザンショウのような先駆種で占められている。

写真提供：森林総合研究所四国支所ＨＰ「芽ばえ図鑑」

埋土種子に過剰な期待をしない

土の中で長年待機している、埋土種子は広葉樹林化のための稚樹の発生に貢献するのでしょうか？　人工林内の埋土種子を採取し、その種組成を細かく調査したところ、その多くが低木種や先駆性の樹種で占められていました。先駆性の樹種とは、別名パイオニア種とも言われ、発芽やその後の成長に明るい環境を必要とする特徴を有しています。先駆性の樹種は、成長が早いものの、寿命が短いのが一般的です。カラスザンショウ（図4-13）やアカメガシワなどの高木性の樹種に加え、クサギやタラノキなどの亜高木から低木の樹種がよく知られたものでしょう。広葉樹林化の目標林型を高木性の広葉樹を交える人工林と設定した場合、埋土種子由来の樹種の多くはその条件に当てはまりません。しかし、低木性を含めて先駆性樹種が発生することで、林地の裸地化は回避することができます。土砂流失防止の観点からは、一定の効果が期待できるわけです。冒頭の質問に対する答えは、埋土種子は広葉樹林化に対して貢献は極めて限定的であり、広葉樹稚樹発生に対して過剰な期待を寄せてはいけません。

距離に制限のある散布種子

そもそも周辺に種子供給源（シードソース）となる広葉樹林がないと、散布種子は期待できません。すでに人工林内に混交している広葉樹が母樹となることも考えられますが、立木密度も高くなく、種組成も限られてくることから、こちらも期待はできません（図4-14）。

種子供給源となる広葉樹林があったとして、その広葉樹林からどの程度の距離まで種子は散布されるのでしょうか？　図4-15は、落葉広葉樹林の主な樹種の母樹からの種子の散布距離を比較したものです（Masaki et al. 2019）。ミズメ、アカシデ、イタヤカエデの種子は風によって散布されます（風散布型）。ミズキは鳥によって食べられた後に、糞とともに散布される種子

図4-14　人工林に隣接する広葉樹林は種子供給源として重要

もし、近隣に広葉樹林がなければ、人工林内に種子が散布され、稚樹が定着・生育する可能性が低下してしまう。

です（動物散布型）。コナラは、堅果が樹上からそのまま落下する、重力散布と言われる散布型です。図からは、樹種による散布距離に違いが見られ、重力散布型のコナラで15ｍほどと一番短く、逆に風散布型のイタヤカエデでは80ｍ程度の距離が認められました。いずれの樹種も母樹から30ｍ以内で種子の落下が集中していることも見て取れます。広葉樹林からの距離が離れれば離れるほど、散布される種子の数は減るという距離依存性があります。この結果からは、対象とする人工林から30ｍ以内に種子供給源となる広葉樹林があれば、広葉樹林化の成功の確率は高まることを示しています。しかし、現実には周辺30ｍ以内に広葉樹林があることはむしろ稀ではない

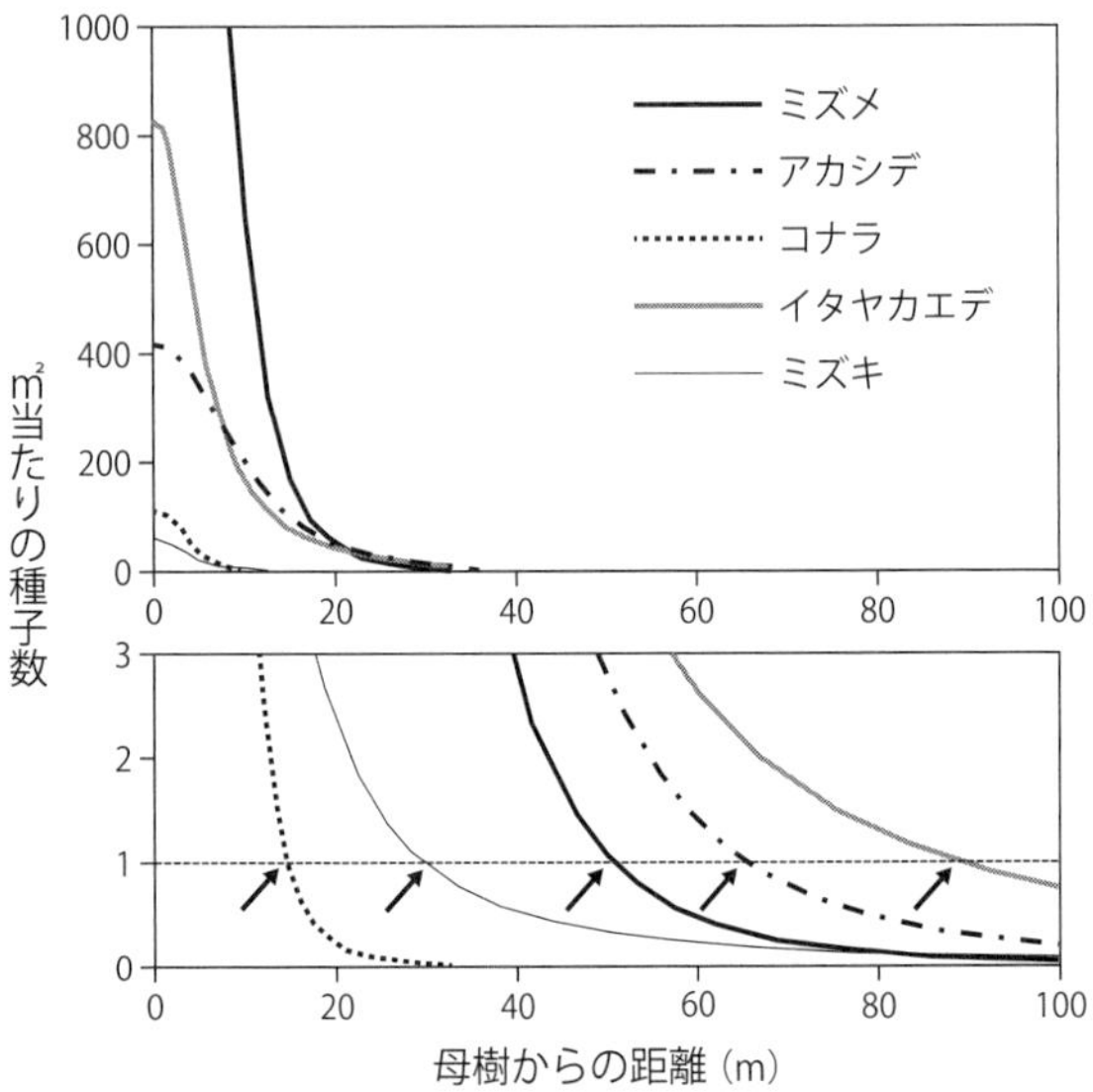

図4-15　１本の母樹からの距離に伴う落下種子数の予測値（上段）とその拡大図（下段）

Masaki et al. (2019) の落葉広葉樹林での結果に基づき、作図した。落葉広葉樹林各曲線と１㎡当たり１粒の種子を表す点線との交点を種子が届く最大距離とみなした。ミズメは距離０mで約5400粒の種子落下があると予測された。

参考：森林総合研究所HP の図をもとに作図（森林総合研究所HP の図は Masaki et al. (2019) の内容をもとに作成されている）

でしょうか？

散布種子を考える上でもうひとつ問題になるのが、種子生産の豊凶です。ブナの天然更新でも度々問題になりますが、せっかく天然更新施業のための準備をしたとしても、肝心の種子がなければ更新は始まりません。ブナやナラ類、カシ類などのブナ科の高木樹種は、堅果の生産に豊凶がありますので、豊作年に合わせた間伐などが望ましいのですが、予算確保の関係などからも現実には難しいでしょう。加えて近年では、気候変動の影響でナラ類堅果の結実周期が短くなっており（Shibata et al. 2020）、豊凶周期のさらなる変化も想定されます。このように種子生産の豊凶などから、散布種子による林内への稚樹定着を期待するのは、かなり不確実性が高いでしょう。埋土種子同様に散布種子に過剰な期待を寄せてはいけません。

一方で、散布種子には人工林には生育していない種を外から運び込む役割があります。伐採地にて隣接する広葉樹林から散布される種子を長期にわたって観察した結果からは、伐採からの年数を経るに従って、散布される範囲、種子数、そして種数が増えることが確認されています（山川ら　２０１３）。スギ林の無間伐林分と間伐林分を比較した結果、間伐林分では発生する実生や稚樹の距離依存性は小さくなる事例も報告されています（Utsugi et al. 2006）。このことからも、散布種子には、人工林内の種多様性を高める効果があると考えられます。

どのような要因が効いてくるのか？

図4-12（106頁）にあるように、ある人工林には豊富な広葉樹稚樹がある一方で、まったく稚樹が存在しない林分もあります。この違いは何からきているのでしょうか？　三重県のスギ林およびヒノキ林176林分のデータを用いて、高木性広葉樹稚樹（高さ10cm以上）の密度と環境および施業要因、過去の土地履歴などの関係を解析した結果、いくつかの環境要因によって稚樹数の密度が決まることがわかりました（表4-2）。例えば、広葉樹林からの距離が近いほど、稚樹の数は増えます。これは図4-15で示された散布距離の制限に当てはまります。また、斜面傾斜は急な方で稚樹密度が高いことを示していますが、これは尾根部や上部斜面など光環境が良く、かつ種子の散布機会が多い場所と一致していると考えられます。

この解析では、落葉広葉樹と常緑広葉樹に分けて稚樹数予測のためのモデル作成を行っており、モデルの予測結果からは間伐後の光環境の変化に対する反応が、落葉広葉樹と常緑広葉樹では異なることも示しています。すなわち、落葉広葉樹では光に対する反応が敏感であり、間伐後に稚樹密度は増加し、林冠閉鎖に伴い密度も減少します。一方で常緑広葉樹は、光環境の変化に対する反応が弱いために間伐後の年数が経過するほど稚樹数が増えることがモデルによ

表4-2　人工林内に広葉樹稚樹の侵入・定着を決める要因

要因	効果
広葉樹林からの距離（m）	近い＞遠い
上層木の樹種	ヒノキ＞スギ
標高（m）	常緑樹：低＞高　　落葉樹：高＞低
年間降水量（㎜）	常緑樹：多＞少　　落葉樹：少＞多
斜面の傾斜（°）	常緑樹：急＞緩
相対照度（%）	明るい＞暗い
林齢（年）	落葉樹：高齢＞若齢
間伐後の経過年数（年）	落葉樹：少＞多

＞の左側の条件ほど稚樹が多い

出典：森林総合研究所「広葉樹林化ハンドブック2010－人工林を広葉樹林へと誘導するために－」

って示されています。上木の樹種別にみると、ヒノキ林の方がスギ林よりも稚樹数が多い傾向が見られましたが、これは主にヒノキ林の方がスギ林よりも上部の斜面に植栽されることによるものと考えられています。同様の傾向は、福岡でのスギ・ヒノキ人工林での稚樹数と環境要因との解析からも得られています。

植栽樹種で異なる広葉樹の侵入具合

針葉樹の人工林と言っても、北海道のトドマツから沖縄のリュウキュウマツまでさまざまな樹種が植栽されています。樹種によって枝の張り方や着葉量が違うことから、林内の物理環境もまた異なってきます。先にスギ林やヒノキ林では、その

図4-16　カラマツ林の帯状伐採部分に生育する広葉樹稚樹

列状に伐採した場所に多数の広葉樹稚樹の発生がみられる。

林内に広葉樹稚樹を大量に交える林分とまったく認められない林分があることを示しました。これらスギ林やヒノキ林に比べて、カラマツ林やアカマツ林（図4-16および図4-17）では、広葉樹が混交する林分が相対的に多いことが知られています。カラマツ林とアカマツ林では、収量比数[*16]が高い林分でも林内が明るいことから、下層に広葉樹が定着、成長しやすい環境にあります。このように前生稚樹が豊富な人工林では、広葉樹の更新が比較的容易に行える場合があります。その一方で、カラマツ林においても、広葉樹稚樹が存在しない林分もあることから、カラマツ林やアカマツ林というだけ

図4-17　広葉樹が混交するアカマツ林

アカマツ林の林の下層には、広葉樹稚樹が定着していることが多くみられる。

で広葉樹林化の誘導が容易であると考えず、対象林分の前生稚樹の本数・サイズおよび周辺の状況をよく確認して判断する必要があります。

（＊16）収量比数（Ry）とは、ある樹高における最大材積の（Ry ＝ 1.0）とした時の現実の材積の割合を示したもの。

伐採幅が広すぎるとだめ

林内の光環境の改善が広葉樹稚樹定着に重要な役割を果たすことは繰り返し述べてきたところです。光環境改善のための伐採方法としては、群状や帯状の小面

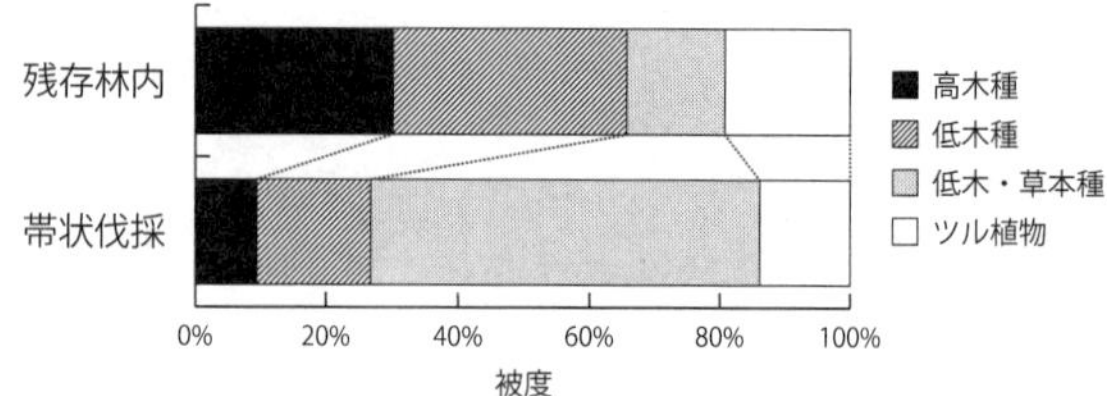

図4−18　下木が多く残るカラマツ林の帯状伐採区と残存林内区の伐採後８年目の下層植生の比較

森林総合研究所「広葉樹林化ハンドブック2012−人工林を広葉樹林へと誘導するために−」をもとに作図

積皆伐や列状間伐が挙げられます。帯状の伐採の場合、樹高と同じ幅がひとつの目安になるでしょう。

図４−18は樹高22ｍのカラマツ林で幅20ｍの帯状伐採を行い、残存林内を含めて３年間下刈りをし、その後５年間放置した際の下層植生の被度を比較したものです。帯状伐採区では残存林内に比べて高木性および低木性の広葉樹の被度が低くなり、低木・草本種の占める割合が著しく増加していました。光環境の改善は、広葉樹の稚樹だけでなく、キイチゴ類や高茎草本にとっても良く作用することになります。これら低木・草本種の繁茂は、広葉樹稚樹の競合植生となり、稚樹の定着および生育を阻害することになります。また、下層植生にササが優占する林分では、伐採による光環境の改善は、ササの繁茂に繋がり、更新阻害の大きな要因にもなります。このように伐採幅が広い場合、競合植生の繁茂に繋がり、稚樹の定着と成長に結びつかない場

合があることに注意する必要があります。

前生稚樹の中には伐採後の光環境の変化に適応できずに枯れてしまう個体も出てきます。特にサイズが小さく形状比[*17]の高い個体では、枯死率が高い傾向にあります。さらに伐採の際の傷害によって枯死する稚樹個体の存在も無視できません。このことからも、期待する稚樹の状況については伐採による枯死を割り引いて考える必要があります。

（＊17）形状比とは、樹高（m）を胸高直径（cm）で割った値であり、その値が高いほどひょろ長い木となる。

間伐の強さはいかに？

前節では広すぎる伐採は、広葉樹稚樹の定着を阻害する可能性に触れました。それでは果たして、どの程度の強度の伐採であればよいのでしょうか？　この答えは、対象とする林分の保育履歴や植栽木の成長状況、周辺の広葉樹林の分布状況などによって異なってくるので、単純には言えないというのが実情です。

群馬県のスギ林において、異なる種類の列状間伐を実施した林分で広葉樹稚樹の発生状況を比較したところ、1列伐採よりも2列伐採の方が広葉樹稚樹の数が多いことが報告されています（Hirata et al. 2011）。広葉樹稚樹の定着を図るためには、広めの列状間伐による光環境の改善が望ましいことになります。また、東北地方のスギ林では、間伐（抜き伐り）の強度が高いほど、前生稚樹の生存率と成長量が高くなる傾向があり、伐採以降にも稚樹が定着しやすいことが示されています（図4-19）。総じて、強度の間伐は、台風などの気象害に対する耐性を弱める可能性もありますが、光環境の維持に関しては利点があると言えるでしょう。一般に人工林の間伐は植物の種数や個体数を増加させる効果がありますが、その効果は間伐後およそ6年で消失するという指摘があります（Spake et al. 2019）。間伐作業時の刈り払いによる低木層の個体の損傷を考慮すると、人工林に侵入・定着に時間のかかる照葉樹林型の木本種では低頻度の強度の間伐によって光環境を長期に維持する方が効果的との考え方も示されています（岩切ら 2019）。

更新の対象とする広葉樹は、光に対する要求度がさまざまであり、耐陰性の高い樹種と明るい環境を好む先駆性の樹種では最適な伐採強度も異なってくるでしょう。一般に相対的光強度が20％以上あれば、どのようなタイプの樹種でも更新は可能とされています（小池・中

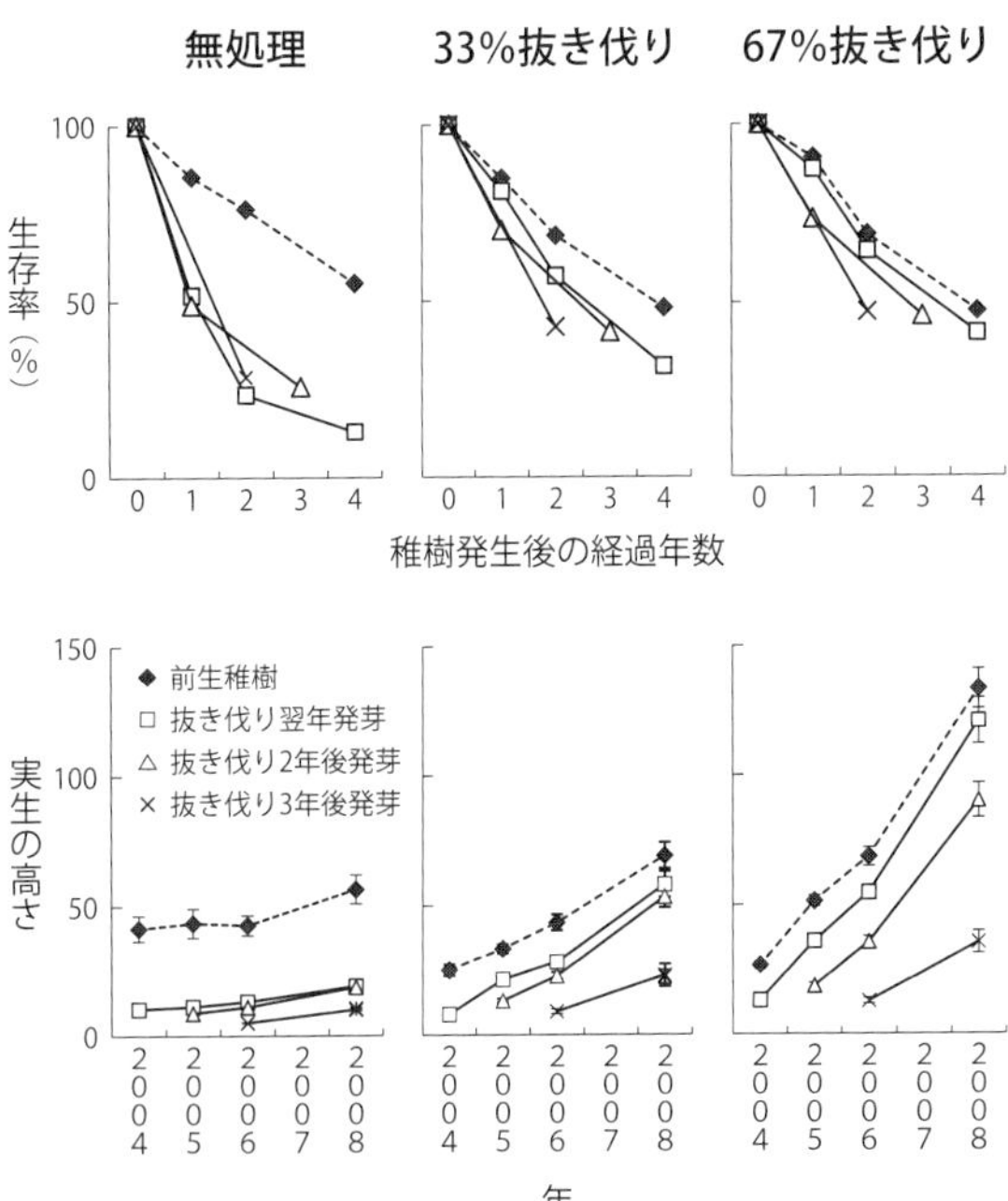

図4-19　異なる抜き伐り強度による落葉広葉樹稚樹の侵入時期別の生存と成長パターンの比較

出典：Seiwa K, Etoh Y, Hisita M, Masaka K, Imaji A, Ueno N, Hasegawa Y, Konno M, Kanno H, Kimura M (2012) Roles of thinning intensity in hardwood recruitment and diversity in a conifer, Cryptomeria japonica plantation: A 5-year demographic study. Forest Ecology and Management 269: 77-187

静　2004）。このような光環境を実現するには、より高い間伐率（あるいは伐採幅）が必要になるわけですが、定着を期待する樹木と競合植生の状態によって、伐採の強度ならびに頻度の調整をしなければいけません。これまでに林内の光環境を推定するモデルがいくつか開発されており、それらを使用することで、間伐後の林内の光環境をＧＬＩ[＊18]（Gap Light Index）として予測することができます。このＧＬＩを指標として、広葉樹稚樹の成長に必要な間伐の強度が検討されています（森林総合研究所　2016）。広葉樹の稚樹が小さい場合、ＧＬＩを15～25％にすることで競合植生の成長を抑えつつ、広葉樹稚樹の成長を促します。一方で広葉樹稚樹が大きい場合、ＧＬＩを30％以上にすることを目標にし、稚樹のさらなる成長を期待します。具体的にＧＬＩ20％を実現するためには、収量比数を0・5～0・6程度にする間伐が必要になります（林野庁国有林野部経営企画課　2018）。

（＊18）相対的光強度はＧＬＩとは異なる指標であるが、便宜的にほぼ同様なものとして考えても良い。

更新の成否をどう判断するか？

「勝ちに不思議の勝ちあり、負けに不思議の負けなし」とは、肥前平戸藩藩主・松浦清山の言葉ですが、プロ野球元監督の野村克也氏の言葉としても聞いたことがあるのではないでしょうか。この言葉は天然更新にも通じるものがあります。すなわち、天然更新が失敗している林分には、必ず失敗となる要因があるはずなのです。

ここまでに、人工林内にどのようにして広葉樹稚樹を侵入・定着させていくかを天然更新の仕組みに基づき説明をしてきました。ここでは具体的に林内にどのくらいの広葉樹稚樹があれば広葉樹林化にとって十分なのかという点について考えてみます。

更新完了基準という考え

広葉樹林化の最終ゴールは目標林型として掲げた針広混交林（あるいは広葉樹林）が成立することですが、そこに至るまでには100年オーダーの年月が必要な場合もあります。広葉樹林化を進めるには、段階を踏んで目標林型への進捗状況を確かめ、必要に応じて目標を変更するという順応的な進め方が求められます。まず、最初の段階として、間伐を実施した後に林内に広葉樹稚樹が定着したか確認する作業が必要です。通常の更新施業と同じように、実施後数年以内に目的とした（初期）状態に達しているか確認するために設けられたのが「更新完了基準」となります。本来であれば「更新完了」というのは、更新作業によって世代交代を行い、目的とする森林の型に到達した時に初めて達成されるものです。人工林であれば収穫時、天然林であれば稚樹から成長した個体が少なくとも種子を生産する段階になった時点を「更新完了」とするのが妥当なはずです。しかし、実際には人工林の更新も含めて、ごく初期の段階で更新の状況を判断せざるを得ないのが実情です。この更新完了基準は、あくまでも更新の初期段階での判断でしかないことと、その後の更新が成功するかを保証するものではないことを頭に入れておく必要があります。

通常、更新完了基準は、その実施時期と対象となる稚樹の大きさと密度が示されています。２０１１（平成23）年の森林法改正によって、天然更新完了基準の考え方の明確化が進められており、各都道府県において独自の完了基準が設けられています。基準の中で対象とする樹種が示されていますが、個別具体的に樹種名が挙げられている場合もあれば、郷土樹種という区分でまとめられている場合もあり、さまざまですが基本的に高木性の樹種を対象としています。稚樹の高さの基準は0・3mから1・5m程度までと幅がありますが、密度に関しては立木度[*19]を用いて計算しており、おおむね3000本／haとなっています。この基準を用いて、伐採後、3年から5年以内の判定を行い、基準に満たない場合、植栽もしくは追加的な更新補助作業を実施することになります。

（＊19）現在の林分の本数と当該林分の林齢に相当する期待成立本数の比を十分率で表したもの。林齢5年性における期待成立本数として、1万本／haが用いられることから、基準として用いられている立木度3では3000／haとなる。

変遷する基準

先に示した都道府県の更新完了基準ですが、国有林においても同様に天然更新のための更新完了基準が設定されています。表4-3は各森林管理局が定めている、天然更新施業に関連する更新完了基準の一覧です。都道府県の更新完了基準と同様に、稚樹の高さは30～50㎝以上を対象とし、その密度はおおむね３０００〜５０００本／haを採用している局が多いことがわかります。また、更新の対象としている樹種も高木性のものを中心に構成されつつ、地域に応じた内容になっています（表４-４）。関東森林管理局では、広葉樹林化を想定した更新完了基準が別に定められていますが、基本的に天然更新施業を想定した更新完了基準を広葉樹林化においても適用することになります。

ところで、この国有林の更新完了基準なのですが、設定された当初の１９７０年代の基準は今と違ったものでした。１９６０年代の拡大造林に伴う、広葉樹林の伐採も進み、ブナ林の多くもその対象となっていきました。その結果、ブナ林の資源不足が懸念され、その材は貴重材扱いとなっていきます（片岡　１９９１）。ブナ林の天然更新施業の検討は、１９１０年代から開始され、傘伐作業から択伐作業への転換を経て、戦後の拡大造林期に天然下種更新が進められ、１９７３年頃からブナの種子の飛散距離と母樹の配置を考慮に入れた母樹保残作業が提唱されています。その当時に設定された更新完了基準では、草丈を超えた高さ（60㎝と記載）の稚樹が1万本／haとされていました（谷本　１９９０）。また、林業試験場（現在の森林総合研究所）が提案した基準は、高さ30㎝以上の稚樹が5万本／ha以上という目標が示されていました（前田　１９８８）。その後、いくつかの変更がなされ、その度に基準となる稚樹本数は減少を続け、

表4-3　各森林管理局の天然更新完了基準の一覧

局名	基準となる樹高	基準となる密度	確認する時期
北海道	0.3 m	10,000 本 /ha （樹高による補正あり）	5 年以内に 1 回
東北	0.3 m	5,000 本 /ha	3 年後に 1 回
関東	0.3 m	5,000 本 /ha （広葉樹等漸伐天然下種更新施業の場合）	3 年目に 1 回 （更新補助ありの場合）
	更新指数による判定 （人工林内天然生広葉樹等の育成施業の場合）		5 年目に 1 回
中部	更新指数による判定 （天然更新施業実施要領の場合）		2 年後に 1 回
近畿中国	0.6 m 0.3 m	5,000 本 /ha 10,000 本 /ha	3 ～ 5 年後に 1 回
四国	0.3 m	3,000 本 /ha	3 年以内に 1 回
九州	0.3 m	5,000 本 /ha	2 年以内に 1 回

表4-4　更新完了基準に示された更新対象樹種

管理局名	更新対象樹種
関東森林管理局	用材生産可能な針葉樹・ブナ・イヌブナ・クリ・アカガシ・シラカシ・クヌギ・ミズナラ・コナラ・サワグルミ・カンバ類・ミズメ・アサダ・ニレ類・ケヤキ・カツラ・ホオノキ・サクラ類・キハダ・イタヤカエデ・トチノキ・シナノキ・センノキ・シオジ・ヤチダモ・アオダモ・ミズキ・イヌエンジュ・その他市場価値のある樹種
九州森林管理局	針葉樹（スギ・ヒノキ・マツ・モミ・ツガ・イヌマキ・カヤ等）・ブナ・クリ・カシ類・クヌギ・コナラ・ミズナラ・シイ類・サワグルミ・ミズメ・シデ・ケヤキ・カツラ・ホオノキ・クス・タブ・イス・サクラ・カエデ・シオジ

加えてブナ以外の有用広葉樹込みで稚樹本数を計上するようになっています。このように母樹保残作業による天然更新が本格的に調査・検討が開始された時期には、今と比べてかなり高めの更新完了基準が設定されていたことがわかります。

更新完了基準を検証してみたら

先に示した更新完了基準は、あくまでも競合となるササや草本との競争に打ち勝ち、成林へと向かう目処がたったことを判定するためのものです。したがって、更新完了基準を満たしたと判定された林分については、天然更新が上手くいき、目的とする林分に誘導が進んでいることになります。ここで更新完了基準の判定を実施した林分のその後の更新状況を追跡した２つの調査事例を紹介したいと思います。

まずひとつ目は岩手県のブナ林の事例です。ここでは１９４８年と１９６９〜１９７１年にそれぞれ皆伐母樹保残法[20]で伐採されたブナ林を、伐採後、それぞれ54年後と33年後に当たる２００２年に再調査し、ブナの更新実態を確認しています（杉田ら ２００６）。１９４８年に伐採されたプロットAでは、伐採後２年経過した１９５０年にブナの種子生産の並作年にあた

表4-5　ブナ皆伐母樹保残法施業試験地の更新状況（岩手県黒沢尻ブナ総合試験地）

	プロット A	プロット B0	プロット B1
伐採年	1948年	1969～1971年	
更新補助作業	刈払い実施	刈払い省略	刈払い実施
更新判定の結果			
ブナ豊作年	1950（並作）年	1973年	
更新判定の実施年	1953	1980年	
更新判定時の稚樹密度（/ha）	17000	2000	13000
更新判定時の平均稚樹高（cm）	35	20	70
更新判定の結果	完了	未到達	完了
追跡調査の結果			
調査実施年	全てのプロットで2002年		
ブナ林冠木本数（/ha）	300	30	110
ブナBA（全体に占める%）	80.2	2.4	9.1

出典：杉田久志・金指達郎・正木隆（2006）　ブナ皆伐母樹保残法施業試験地における33年後，54年後の更新状況—東北地方の落葉低木型林床ブナ林における事例—．日本森林学会誌 88：456-464

り、その後にブナの稚樹が発生しました。3年後にブナの更新状況を当時の基準である、高さ30cm以上の稚樹が1万本／haに当てはめたところ、基準は超えており、更新は完了したと判定されました（表4-5）。伐採から54年経過した2002年時点では、ブナが優先する林分となっており、見事にブナ林に再生していました。

一方、1969～1971年に伐採されたプロットBでは、刈払いを実施した区画と実施しない区画があり、ブナの稚樹の発生密度に差が見られました。ササ（クマイザサ）や低木を刈り払ったプロットB1では、伐採後11年経過した時点でブナの稚樹密度は更新完了基準を超えていました。もう片方のプロットB0では、刈払いを省略しており、その結果、同時期のブナ稚樹密度は基準に達していませんでした。これら両プロットを伐採後33年に当たる２００２年に再調査した結果、ウワミズザクラやホオノキなどの広葉樹が生育しているものの、目的とするブナの混交割合は極めて低く、ブナ林としての更新は成功とは言えないものでした。特にプロットB1では更新完了基準を満たすブナの稚樹があったにも関わらず、ブナ林への再生はなりませんでした。この結果は、たとえ伐採後数年内の更新完了基準の判定が良好としても、その後の状況によっては、目的とする森林へと更新する保証はないことを示しており、初期だけではなく、更新状況に関する継続的な観察が必要なことを示しています。杉田ら（２００６）は、初期の更新完了基準での判定結果とその後の更新状況が合致しなかった理由として、施業とブナ結実とのタイミングのずれや施業前のブナ稚樹の生育状況の違いを挙げています。前者はすなわち、伐採とブナ結実の時期がずれるほど、実生の発芽および成長促進のための補助作業の効果が薄れてしまうためです。後者の場合、調査した林分の伐採は燃料革命後に行われており、それまでは燃料、肥料、飼料用として低木や林床植生の採取が取りやめになった影響を受け低木類が繁茂してしまい、結果的に伐採後の刈払いによってもその勢いを制御できなかった可能性が指摘されています。このように過去の森林利用履歴も考慮して、その要因を正しく把握すること

表4-6　ブナ皆伐母樹保残法施業試験地の更新状況
（八甲田ブナ施業指標林）

	第1区	第2区	第4区
伐採年	1975年	1977年	1978年
作業方法	皆伐	皆伐母樹保残（1984年に保残木を伐採）	皆伐母樹保残
更新補助作業		全ての区画で地表処理・刈払い・除草剤散布	
稚樹発生調査の結果			
ブナ豊作年		1976年	
稚樹調査の実施年	1977年	1977年	1978年
更新判定時の稚樹密度（/ha）	11,000	430,000	260,000
追跡調査の結果			
調査実施年		全ての区画で2007年	
ブナ本数（/ha）*	1,000~3,900	8,700~11,000	2,600~7,400
ブナ上層木平均樹高（m）	6.2	6.7	6.1

＊ブナ本数は胸高直径3cm以上の個体を対象に計測。複数の処理区があるため、下限～上限の範囲で表示。

出典：杉田久志・高橋誠・島谷健一郎（2009）　八甲田ブナ施業指標林のブナ天然更新施業における前更更新の重要性．日本森林学会誌 91：382-390

で、その後の更新を促進できる可能性もあります。

２番目の事例は、同じく東北のブナ林ですが、八甲田山ブナ施業指標林での観察結果です。こちらは皆伐作業と皆伐母樹保残作業が実施されており、更新補助作業として刈払いに加えて除草剤の散布と事前の地表処理が行われています。この施業指標林では１９７６年にブナの種子の大豊作があり、その豊作年由来の実生が稚樹となっていました（杉田 ２００９）。すなわち、皆伐母樹保残作業が行われた第２区と第４区では、伐採前に前生稚樹として蓄積されており、その数はそれぞれ43万本／haと26万本／haに達していました（表4-6）。伐採後約30年経過した時点で、ブナの更新状況を確認したところ、いずれの区画もブナが順調に更新しており、ごく初期に下した更新完了基準の判断に誤りはありませんでした。この林分でのブナの稚樹密度は、最初の例として挙げたブナ林の稚樹数よりもはるかに高い値を示しています。このような高密度の稚樹が確保できていれば、その後の稚樹の生存過程を考慮しても、十分にブナ林に再生することがわかります。また、この施業指標林で更新が上手くいった理由は、上木を伐採する前にブナの豊作年があり、十分な密度の前生稚樹を形成することができた点が挙げられるでしょう。

（＊20）皆伐母樹保残法とは、上方下種更新の一種である。まず種子の供給源となる母樹を一定数残して、それ以外の上木を5～8割伐採する。次にその母樹から散布された種子により発生した稚樹を十分に確保したのちに保残母樹を伐採することで更新林分に誘導する方法。

継続観察で見えてきたこと

先に挙げた2つの事例は、過去の更新完了基準の判定を再確認するものでした。ここでは伐採後、数十年経過した更新状況から、伐採直後の状況まで同じ地点を遡ることで更新が可能な密度を導き出した事例を紹介します。

苗場山ブナ天然更新試験地は高蓄積で形質優良なブナ林を仕立てるための施業開発を目的として、当時の林業試験場（現森林総合研究所）と前橋営林局六日町営林署（現関東森林管理局中越森林管理署）が共同で1967年に設定した大面積（22.5 ha）の試験地です（小川ら 2005）。この試験地では、皆伐母樹保残法による更新状況の調査が試験地設定当初の1967年から開始され、不定期ではありますが現在まで継続されています。本書にて試験設計の詳細を説明するのは割愛しますが、上木伐採後のブナ稚樹の発生と成長には、試験地内で繁茂するササ（チマキザサ、チシマザサ）の影響が無視できませんでした。ブナの稚樹の発生を促進するために、刈払い、かき起こし、除草剤（塩素酸ソーダ）の散布などの更新補助が行われていましたが、1977年までブナの豊作年がありませんでした。この豊作年の翌年に当たる1978年に、ブナの実生が発生して十分に蓄えられたとの判断から、試験地の半分の区画で残存母樹の収穫が行われました。それから30年が経過した2008年にこれらブナを含めた広葉樹の更新状況を調査すると、初期の稚樹密度の多寡が更新の成否に結びついていることが明らかになったのです。統計的なモデルによる解析の結果、伐採後4年経過した時点（1982年）での稚樹数

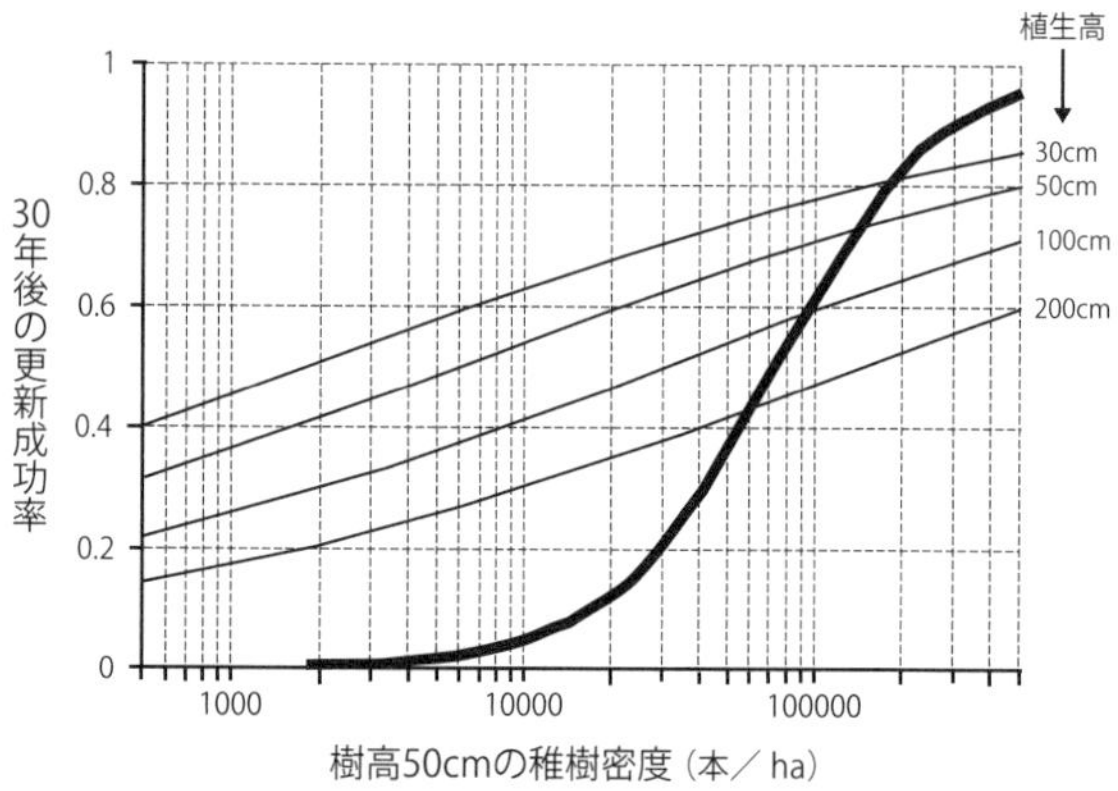

図4–20　更新完了判定時の稚樹密度および競合する植生高と、30年後の更新成功率との関係

出典：正木隆・佐藤保・杉田久志・田中信行・八木橋勉・小川みふゆ・田内裕之・田中浩（2012）　広葉樹の天然更新完了基準に関する考察　—苗場山ブナ天然更新試験地のデータから—．日本森林学会誌94：17-23

から30年後の更新成功確率を推定することができました。その結果、仮に8割の確率で更新成功を期待するのであれば、伐採後4年の時点で高さ50㎝以上のブナの稚樹は20万本／ha以上必要であることが示されました（図4‐20）。また、ブナを含む広葉樹全体では、競合する植生高が高くなればなるほど、成功確率を上げるための稚樹本数は多くなることが結果に表れています。例えば競合する植生高が50㎝であった場合、10万本／haの稚樹があれば30年後の成功確率は7割に達しますが、競合植生が200㎝あった場合にはその確率が5割以下にまで低下してしまうのです。

冒頭に示した、現在よく使用されている更新完了基準（高さ30cm以上、3000本／ha）をこのモデルに当てはめてみると、仮に競合植生高が稚樹高と同等とした場合にその成功確率は5割に満たないことになります。稚樹高と競合植生高を同等にするためには、入念な更新補助作業が必要であり、そのような手間をかけたとしても更新確率は容易に上がらないことを示しています。この苗場山の結果を見る限り、現在、一般的に用いられている更新完了基準はかなり甘めの数値であると言えます。

この苗場山の結果から、更新の成功確率を高めるために必要な初期の稚樹密度を示すことができました。20万本／haというとかなり大きな数値と思われるかもしれませんが、1平米当たりに変換すると20本になります。表4-6で示した八甲田山施業指標林においても、20万本／haを超える稚樹が生育しており、その後の更新も成功しブナ林へ再生しています。このように高密度の稚樹をいかに蓄えられるかが、天然更新成功の鍵となります。そのためには、種子の豊作年による稚樹の大量発生や稚樹の成長を促す更新補助作業が重要です。あらためて天然力を活用するということは、決して放置することではなく、このような手間をかける必要があることを忘れてはいけません。

厳しくあるべき更新完了基準

ここまでに示してきた更新完了基準とその検証は、上木に母種がある場合の天然更新（上方天然下種更新）で行われたものです。上木に母樹があるということは、種子の散布距離の制限を考えても、稚樹の発生に有利なはずです。広葉樹林化の場合、更新を期待する樹種の母樹は林内にはありませんから、条件はより厳しくなると考えるのが妥当でしょう。例えば谷本（1990）は、高さ1・3m以上の稚樹で最近の年伸長量が15～20cm以上ある個体が林内に均等に3000本／ha以上生育した時、更新完了とすることを提案しています。この案は国有林で設定されている基準と同じ稚樹密度ですが、対象とする稚樹の高さが違うことに着目しなければいけません。繰り返しになりますが、上方天然下種更新でも表4-4で示した更新完了基準では不十分な可能性が高いのです。現行の基準では、初期段階ではよいとしても、その後の稚樹の生育状況によっては、更新が上手くいかないこともあり、継続した観測によって更新状況を把握し、必要に応じて更新補助作業をする必要があるでしょう。

一方で苗場山の事例で示した、更新成功のための稚樹数は全国どこにでも適用できる数値ではないことに注意が必要です。あくまでも苗場山の林内環境（ササの繁茂状況など）や周辺状況

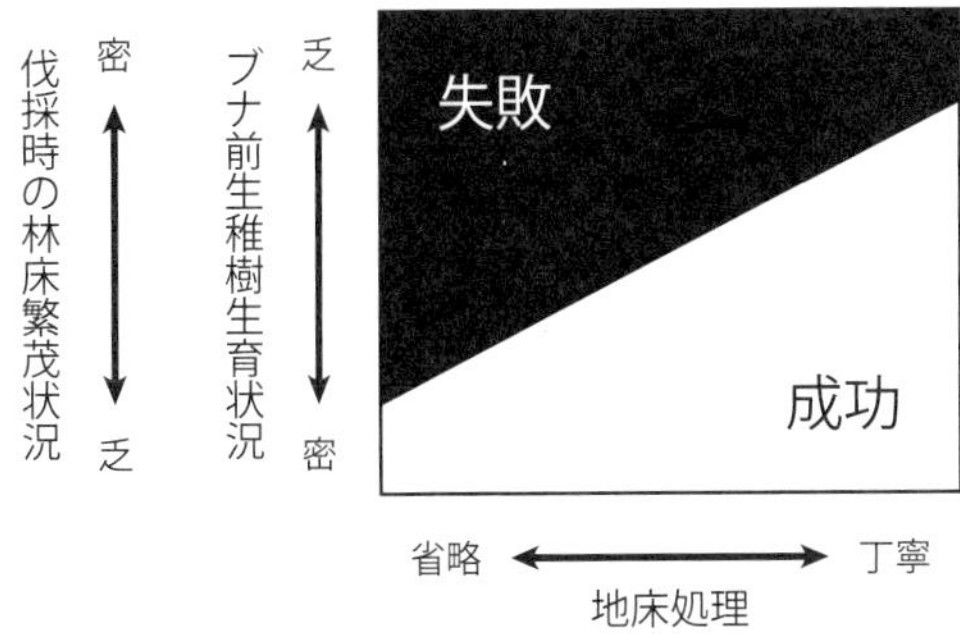

図4–21　地床処理とブナ前生稚樹生育状況および伐採時の林床繁茂状況の関係

出典：杉田久志・高橋誠・島谷健一郎（2009）　八甲田ブナ施業指標林のブナ天然更新施業における前更更新の重要性．日本森林学会誌 91：382-390

のもとで求められた数値であり、場所によってはこの数値よりも多くの稚樹が必要かもしれませんし、その逆にもっと少ない密度で更新が成功する場合もあるでしょう。天然更新を成功に導くためには、十分な稚樹があることが勿論ですが、その発生・定着を可能とする林床の環境と更新補助作業が必要になってきます。図4-21は、それらの関係を示した模式図になりますが、条件の良い林分では更新の成功の確率は高くなります。条件の悪い場所では、更新補助作業が多くなり、コストや技術的な面からも天然更新を実施すべきではないでしょう。物事が失敗するには必ず理由があります。その理由が事前に正しく把握できていれば、天然更新の失敗は避けられるはずです。

天然更新を促進するために

前節までに天然更新に関するいくつかの事例を紹介してきましたが、その中でいくつかの更新補助のための作業が行われていました。更新補助とは、その名が示すように、天然更新を阻害する要因を除去し、更新を人為によって促進する作業となります。ここでは更新を促進するための補助作業とその排除の対象となる更新阻害要因について説明を加えていきます。

更新補助のあり方

更新補助作業は、以下の3つに分類することができます。

- 地表処理
- 刈り出し
- 植込み

地表処理は、更新を阻害する要因を除去することによって、散布種子や埋土種子の発芽を促す環境を整える作業であり、林床表層の落葉層を人力もしくは機械によって剥ぎ取る「地がき」や、林床植生の除去をする「刈払い」などがあります。「刈り出し」は、目的とする広葉樹樹種が競合する植物（ササ、高茎草本、低木類）に被圧され、その生存と生育に影響を及ぼしている場合に競合植生の除去をする作業にあたります。広葉樹の刈り出しは、更新の目的樹種と競合植生との見分けがつかないと、誤伐の原因となり、更新のための稚樹を減らしかねませんので、広葉樹の樹種を見分ける知識が必要です。最後の「植込み」ですが、更新完了基準に達していない場合に更新対象樹種の植栽を行うことになりますが、2章（58頁）で説明したように苗木の入手にあたっては遺伝子撹乱が生じないようにします。天然更新施業の候補地を考える上で、これら更新補助作業を必要としない場所を選ぶことができれば理想的ですが、現実にそのような場所を見つけるのは困難でしょう。更新補助作業はいずれも労力のかかるものであり、容易に省力化は見込めないものと考えるべきでしょう。

国有林では、更新補助作業の有無により、天然下種第1類と天然下種第2類に区分されています。天然下種第1類は、天然下種による更新を主体としながら、地表処理、刈出し、植込み等の更新補助作業を行う方法です。一方で天然下種第2類では、すでに更新が期待できる稚樹あるいは小径木が多数存在することから、更新補助作業を実施しません。前節の岩手県のブナ林の事例（表4-5）でも明らかのように、ササが林床植生にある場合は更新補助をしないと更新は上手くいかない可能性が高くなります。

更新阻害要因を排除する　ササの場合

更新補助作業の目的の1つとして、更新阻害要因を排除することが挙げられます。林床に繁茂するササは、わが国の代表的な更新阻害要因と言えます。場所によっては人の背丈を越す高さのササが一面を覆い尽くすことによって（図4-22）、周辺から散布された種子も発芽・定着することが困難になります。ササを抑えること、すなわち刈払いをすることがいかに更新成功に結びつくかは、前節の岩手県や八甲田山のブナ林の事例でも明らかです。

天然更新にとって厄介者のササですが、刈払いの他に、ササを地下部から除去する地表処理である「地がき（かき起こし）」が更新補助として使用されることもあります。地がきには、広範囲かつ効率的に進めるためには重機を用いる必要がありますが、急傾斜地では機械が走行できないなど、適用できる立地環境は限られてきます。また、重機が走行することから、林

図4-22　更新阻害要因であるササ

ササの種類によって、その高さは人よりも大きくなる。このような状態では、広葉樹稚樹の定着は期待できない。

内の土壌の物理性に与える影響も考える必要があります。せっかく、地がきをしても周辺に種子供給源となる広葉樹林が少ない場合、稚樹の発生が十分でなく、その効果は限定的になります（伊東ら２０１９）。

ササを制御する手段として、刈払いや地がきなどの物理的な除去ではなく、薬剤による方法もあります。ササに対して用いられる薬剤としては、抑制剤と除草剤があります。抑制剤は、遅効持続性の薬剤（テトラピオン）であり、イネ科、カヤツリグサ科に選択的に効果があるとされています。除草剤は即効性のある薬剤（塩素酸塩剤）ですが、非選択性のため、

図4-23　スズタケの一斉開花による枯死の様子

一斉開花によって枯死した後には、枯れた稈しか残らず、地面に当たる光の量も増える。

枯損の影響はササだけでなく他の樹種にも及ぶことになります。抑制剤や除草剤は、使用量と散布方法を守れば効率的にササの除去が期待できますが、下流への環境影響などからも適用できる場所は極めて限られているでしょう。

ところでササの興味深い生態として、一斉開花現象が知られています。大面積にわたる同一種のササが一斉に開花し、その後、枯死に至る現象（図4-23）は、数十年から100年を超す間隔で記録されており（蒔田 2013）、近年では2017年に日本全国でスズタケの一斉開花が報告されています（岡本 2018）。このような一斉開花後の

図4–24　シカ食害による林床植生の消失

シカによる食害がひどいと林床にある植物がほとんど無くなってしまい、地面が露出することがある。

ササの枯死にタイミングよく更新作業を合わせることができれば、高確率で広葉樹の稚樹の定着・生育が期待できるでしょう。

更新阻害要因を排除する
シカ害の場合

野生鳥獣による被害は、依然として深刻な状況であり、森林被害面積の約７割はシカによるものです。シカの密度が著しく高い場合、シカの口の届く範囲の植生は食い尽くされ、林床は裸地に近い様相を呈します（図４–24）。シカ食害によって林床植生が消失してしまった場合、土砂の流出やそれに伴う地力の低下などの影響が懸念されます。当然ながらそのような状況では広葉樹の稚樹も林内に残ってはいません。シカによる被害が顕在化している場所での広葉樹林化は極めて困難です。

林野庁がまとめた「森林における鳥獣被害対策のためのガイド」（林野庁保護対策室 2012）では、被害度調査と診断に有効と考えられる指標とその判断基準が示されています（表4-7および表4-8）。このような指標を用いて、シカによる被害状況の特徴を把握することで、具体的な対策を考えることができるでしょう。被害度が高い場合（被害度3および4）、防護柵の設置が有効と考えられますが、設置やメンテナンスのための費用がかかるという問題点もあります。シカ被害の調査法や防護柵設置法などについては、ここで扱うには大きすぎる問題ですので、その具体的な内容については他の成書[*21]に譲ることにしたいと思います。

シカの被害対策は、さまざまな組織が連携して取り組むべき問題です。個々の林分だけを考えて対策を立てればよいわけではなく、その周辺の環境や地域レベルで考える必要があり、さらには林業以外の分野との協力、すなわち農業被害対策と合わせて行うことで高い効果が期待できます。また、図4-25に示したように、被害対策は防護と捕獲だけでなく、これらの対策の効果をモニタリングすることで、実施可能な対策として着実に進めていくことができるでし

表4-7　森林被害度調査診断指標の例

指標等	診断事象	低 被害度１	中 被害度２	強 被害度３	激甚 被害度４
調査　指標	下層植生	食み痕程度で被度・種数とも正常	不嗜好性植物がやや優占	不嗜好植物のみ	裸地か、少数
	樹皮剥ぎ	樹皮剥ぎはほとんどなし	一部の小班で軽度な樹皮剥ぎ	樹皮剥ぎ小班が多い	小班で50％越す被害
	土壌流出	森林内の階層構造発達し、下層植生の被度が極めて高い	下層植生の被度が高く、土壌流出は少ない	下層植生が少しあり、表面のみ侵食	裸地に雨裂あり、土砂流出が激しい。渓流に泥分多い
	採食ライン（ディアライン）	ない	まだ明確なラインは出ていない	森林内にくっきり	

出典：林野庁 森林保護対策室「森林における鳥獣被害対策のためのガイドー森林管理技術者のためのシカ対策の手引きー」20頁

表4-8　森林被害度調査の総合評価の例

	被害程度	被害度１	被害度２	被害度３	被害度４
診断	内容	若干の影響に留まる	一部の小班の点在、全体的に影響少ない	森林全体に影響	森林全体に激しい影響

出典：林野庁 森林保護対策室「森林における鳥獣被害対策のためのガイドー森林管理技術者のためのシカ対策の手引きー」20頁

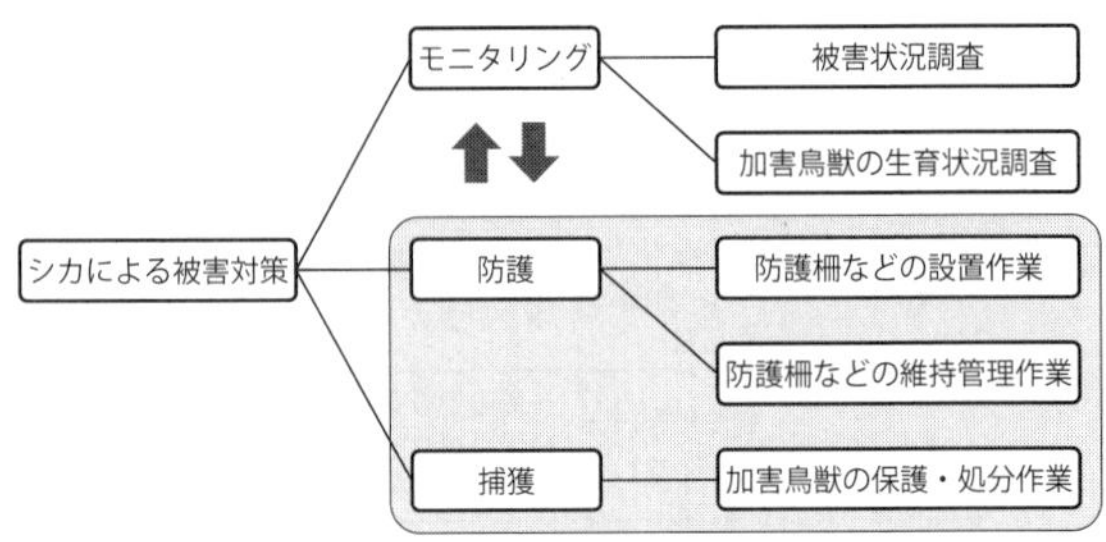

図4-25　シカによる被害対策の考え方

出典：林野庁「令和２年度 森林総合監理士（フォレスター）基本テキスト」

ょう。

シカによる植生被害を観察すると、食害に遭いやすい嗜好性の種と、食害が少ない不嗜好性の種があることがわかります。シカの食害圧が高い林床では、一面が不嗜好性の植物になってしまうことも少なくありません。オオバアサガラは典型的なシカ不嗜好性植物ですが、シカによる食害にあっても萌芽能力が高く、再生することが知られています。[*22] このような不嗜好性かつ耐食害性を持つ種を一時的に林内に定着させて、林床の裸地化を抑えつつ、その間にシカの個体密度を食害が顕在化しない程度にまで低下させ、その後の植生回復を期待するという、緊急避難的な方法も考えられるでしょう。ただし、オオバアサガラの場合、そもそも優占度の高い樹種ではなく、十分な前生稚樹の密度も期待できないことから、植栽もしくは播種による造林をする必要があるでしょう。

（＊21）例えば以下の文書が被害調査法や防護柵の設置法に関して参考になる。
「平成25年度森林環境保全総合対策事業―森林被害対策事業― 野生鳥獣による森林生態系への被害対策技術開発事業報告書」（平成26年3月、株式会社野生動物保護管理事務所編）
「シカ害防除マニュアル〜防護柵で植栽木をまもる〜」（令和2年3月、国立研究開発法人森林研究・整備機構森林整備センター編）
この他にも各都道府県で農作物等に対する鳥獣被害対策のマニュアルが多数作成されている。
（＊22）その他のシカの不嗜好性植物については、以下の図鑑が参考になる。
「神奈川県シカ不嗜好性植物図鑑」（平成28年3月、神奈川県自然環境保全センター）

前生稚樹がない場合

ここまでに数度にわたって、広葉樹林化への誘導には前生稚樹が重要であることを述べてきました。しかし、現実にはどの人工林でも前生稚樹が豊富にあるわけではありません。前生稚樹が林内になければ、伐採後の光環境が改善した後に発生する稚樹（後生稚樹）に期待することになりますが、発生する保証はありません。このような場合、選択肢として、更新補助作業のひとつである、広葉樹の植栽が考えられます。しかし、植栽する適切な樹種の選定や苗木の確保など考慮すべきことが多いことと、何よりもコストがかかることが最大の問題となります。そもそも林業経済的に成立しない人工林を広葉樹林に転換することから始まっているのですから、このような状況で十分なコスト（植栽費用）をかけられるのか不透明な状況です。仮に植栽樹種の選定やコストの問題を克服できるのであれば、広葉樹林化を加速することも可能となります。

GISを用いた散布距離と土地履歴による適地判定

近年のIT技術の発展は、高解像度の衛星画像へのアクセスを容易にし、広範囲にわたって森林とその周辺域の様子を把握することが可能になってきました。加えて森林基本図や森林計画図、森林簿といった基本情報がデジタル化され、GIS（地理情報システム）上で管理することが一般化されています。

人工林の広葉樹林化に対しては、いかに近隣に広葉樹林があるかが重要になってきます。対象とする林分を抽出し、その周辺にある広葉樹林との距離を計測するという作業はＧＩＳが得意とするところです。また、対象林分の過去の履歴を重ねることによって、広葉樹の前生稚樹の豊富さを知る判断材料にもなります。少し具体的に説明すると、過去に薪炭林などの広葉樹林であった初代人工林であれば、林内に萌芽由来で再生した個体や前生稚樹がある可能性が高まります。一方で再造林の人工林であれば、埋土種子の多くが先代の人工林更新時に発芽している可能性が高く、広葉樹の稚樹を発生させる資源に乏しいことが考えられます。同様に前歴が採草地の場合、そもそも樹木がないので、ここでも広葉樹の稚樹を発生させる資源に乏しいことが想定されるわけです。このようにＧＩＳ上に格納した情報を用いることによって、広葉樹林化の対象とする人工林を広葉樹林化へ誘導できる可能性が高い林分であるかどうかという適地判定ができるのです(図4-26)。

このような情報を用いた事前判定は、作業の効率化を考える上で極めて重要です。また、ＧＩＳ上で判断した結果が正確かどうかを現地で確認する作業も重要です。この現地確認の過程でＧＩＳ上の判断を変更することも必要です。またこの現地確認の作業は、適地判定の精度を向上させるためにも欠かすことができません。今後、技術の発展に伴い、衛星画像からは今まで以上に多くの森林に関する情報が得られることでしょう。しかし、いかに技術的な発展があ

人工林内に広葉樹の種子が供給されることが必要

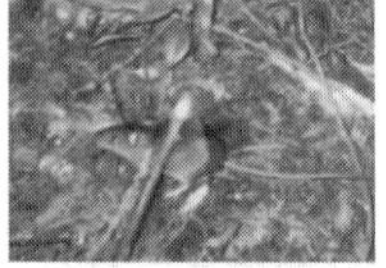

種子供給には、広葉樹林からの距離が影響する。

過去の土地利用形態も重要

人工林造成前の土地利用形態が、埋土種子や前生稚樹の有無に影響する。

GISは広葉樹林化適地判定の効率化のための有力なツール

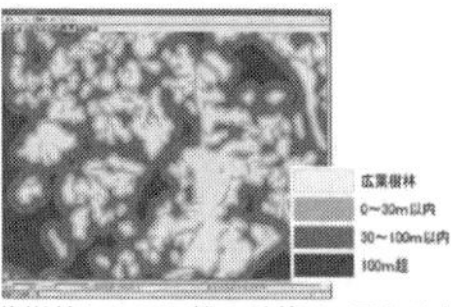

広葉樹林からの距離の計算や、重ね合わせ処理による適地判定が可能である。

最後は現地における判定が重要

最終的に広葉樹林化が可能かどうかは現地を見て判断する必要がある。

図4–26　広葉樹林化の敵地判定のポイント

出典：森林総合研究所「広葉樹林化ハンドブック2010－人工林を広葉樹林へと誘導するために－」

ったとしても、最後は現場を自分の目で確かめ、広葉樹林化へと誘導するにあたり、どのような作業に取り掛かるのか決める知識と技術力が求められていることは今後とも変わりはないでしょう。

再考　広葉樹林化施業

これまでに人工林の広葉樹林化について、天然更新の仕組みを中心に解説をしてきました。あらためてここでは広葉樹林化のための施業を考えてみることにします。

広葉樹林化にあたっては、天然力の活用が期待されています。しかし、天然力を活用するとは、決して人手をかけずに作業を進めるというわけではありません。天然更新は、そのごく初期の段階で種子の供給を母樹からの下種に依存し、その後の稚樹の定着や成長を促進するためには、人手をかけた補助作業が必要になります。天然更新は管理コストが抑えられるというのは、ごく一部の場合を除き、幻想にしかすぎません。むしろ、手間とコストがかかる上に、多様な広葉樹樹種に対する生態学的な知識も必要です。

基本的にわが国の場合、気温と降水量に恵まれているため、伐採後に放置しても裸地化することはありませんでした。しかし、高密度のシカが生息している場所では、高い被食圧によって下層植生が貧弱になり、森林化はもとより、裸地化の危険性が生じています。伐採後に放置しておいても必ず森林へ再生するとは限りませんし、状況は昔より悪くなっています（図4-27）。安易に広葉樹林化を進めることは絶対にしてはいけません。

繰り返しになりますが、天然更新は決して容易な作業法ではありません。天然更新は手品ではありませんので、文字通りにタネも仕掛けもないところに成功はあり得ません。しかし、母樹からの種子供給によって一時期に大量の実生、そして稚樹を得られる可能性があることは、天然更新の利点でもあります。加えて更新を阻害する要因（鳥獣害や密生する下層植生など）を

図4-27　スギ林皆伐後にシカ食害の影響によって森林の再生が抑制されている事例

伐採後に放置された場所であるが、シカの食害圧が高いため、十分な広葉樹の定着が見られず、不嗜好性植物のイワヒメワラビが繁茂する状態になっている。

写真提供：山下直子

適切に排除することができれば、更新成功の確率は高まります。目標林型を定め、そのために必要な条件（周辺の広葉樹林の存在）を確認した上で、適地と判定された場所で定期的に更新状況を確認しながら作業を進めていくことになります。この点の判断を誤ると森林再生すら怪しくなります。ごく初期の更新完了の判定は、伐採後ほぼ10年以内に実施されることになりますが、目標林型への到達を真の更新完了とした場合、その道のりは１００年のオーダーになるでしょう。作業を計画した担当者が、更新完了まで見届けられることは、多くの場合で困難でしょう。そのためにも、担当者がどのような考えで目標林型を設定し、その時点の林分状態から導き出された作業とその後の工程を記録し、後世に残しておく必要があります。なぜ、この判断に至り、どうしてこのような作業工程を作成したのか？　その記録こそが広葉樹林化を失敗のリスクを抑える仕掛けとなるでしょう。

広葉樹林化に参考となる資料

林野庁

国有林野事業における天然力を活用した施業実行マニュアル
林野庁国有林野部経営企画課　２０１８年3月
https://www.rinya.maff.go.jp/j/kokuyu_rinya/attach/pdf/seibi-1.pdf

天然力を活用した森林整備手法の技術マニュアル
林野庁森林整備部整備課　２０１７年3月
https://www.maff.go.jp/j/budget/yosan_kansi/sikkou/tokutei_keihi/h28itaku/h28ku_seika_ippan/attach/pdf/h28taku_seika_ippan-259.pdf

岩手県

更新伐に係る実施マニュアル（Ｖｅｒ２）
岩手県農林水産部　２０１２年10月

https://www.pref.iwate.jp/_res/projects/default_project/_page_/001/008/322/koushinbatu.pdf

秋田県

針広混交林化誘導技術マニュアル　秋田県林業普及冊子No.21

秋田県農林水産部森林整備課　２０１３年３月

http://103.55.158.247/uploads/public/archive_0000008535_00/sinkoukonkou.pdf

スギと広葉樹が共存する豊かな森林をめざして
～針広混交林化事業モニタリング調査報告書～

秋田県農林水産部森林整備課・秋田県農林水産部森林技術センター　２０１３年３月

https://common3.pref.akita.lg.jp/mizumidori/upload/File/H27/針広混交林化冊子.pdf

千葉県

これからの複層林施業

千葉県農林水産技術会議　２０１５年３月

https://www.pref.chiba.lg.jp/ninaite/seikafukyu/documents/h26-7_hukusourinsegyou.pdf

手入れ不足のスギ、ヒノキ壮齢林の管理技術

千葉県農林水産技術会議　２０１６年3月

https://www.pref.chiba.lg.jp/ninaite/seikafukyu/documents/h2706_sugi.pdf

東京都

豊かな森づくりをめざして　～針広混交林化のポイント～

https://www.tokyo-aff.or.jp/uploaded/attachment/7508.pdf

皆伐地における広葉樹の森づくり　～標高の高いところで広葉樹をうまく育てるには～

公益財団法人東京都農林水産振興財団　東京都農林総合研究センター　２０１６年6月

https://www.tokyo-aff.or.jp/uploaded/attachment/7509.pdf

山梨県

山梨県における針葉樹人工林の針広混交林・広葉樹林化事例集

山梨県森林総合研究所　２０１６年7月

https://www.pref.yamanashi.jp/shinsouken/jouhou/h28/documents/160721mixed_forest.pdf

静岡県

針広混交林化を目的とした抜き伐りが森林の多面的機能に与える効果（あたらしい林業技術№563）

静岡県経済産業部振興局研究調整課　2012年3月

http://www.pref.shizuoka.jp/sangyou/sa-850/ar563.pdf

人工林皆伐後の天然更新技術―県内の再造林放棄地における後継植生の実態から探る―（あたらしい林業技術№613）

静岡県経済産業部振興局研究調整課　2016年3月

http://www.pref.shizuoka.jp/sangyou/sa-850/ar613.pdf

三重県

【普及冊子】「三重県における針広混交林化施業のポイント」

三重県科学技術振興センター林業研究部　２００８年３月
http://www.mpstpc.pref.mie.jp/RIN/paper/shinkou.pdf

大阪府

大阪府広葉樹林化技術マニュアル
地方独立行政法人大阪府立環境農林水産総合研究所生物多様性センター　２０２０年６月
http://www.kannousuiken-osaka.or.jp/kankyo/info/doc/2020052700039/file_contents/manual.pdf

岡山県

21世紀おかやまの新しい森育成指針　針葉樹の人工林を針広混交林や広葉樹林に適正に誘導する方法
岡山県農林水産部林政課　２００４年３月
https://www.pref.okayama.jp/uploaded/life/313059_1435439_misc.pdf

針広混交林への誘導に向けて　～針広混交林誘導事例集～

公益社団法人おかやまの森整備公社　2020年3月
http://okayamanomoriseibikousha.or.jp/kanriseido/shinkou

福岡県

自然林誘導ハンドブック
福岡県農林水産部農山漁村振興課森林計画係・農林業総合試験場資源活用研究センター監修　2015年3月
https://www.pref.fukuoka.lg.jp/uploaded/life/532813_60324280_misc.pdf

広葉樹全般の参考書

「**広葉樹林の生態学**」　谷本丈夫著　創文　1990年
「**有用広葉樹の知識**」　林業科学技術振興所編　林業科学技術振興所　1992年
「**森の時間に学ぶ森づくり**」　谷本丈夫著　林業改良普及双書No.145　全国林業改良普及協会　2004年

「多種共存の森」　清和研二著　築地書店　２０１３年

広葉樹林施業の参考書

「広葉樹林とその施業」　林野庁研究普及課監修　地球社　１９８１年
「広葉樹林育成ガイド　ミズナラ林の造成技術」　北海道立林業試験場監修　北海道林業改良普及協会　１９９８年
「広葉樹の育成と利用」　鳥取大学広葉樹研究刊行会編　海青社　１９９８年
「広葉樹林育成マニュアル」　北海道立林業試験場監修　北海道林業改良普及協会　２０００年
「広葉樹資源の管理と利用」　鳥取大学広葉樹研究刊行会編　海青社　２０１１年
「広葉樹の森づくり」　豪雪地帯林業技術開発協議会編　日本林業調査会　２０１４年

おわりに

本書を構成する内容は、令和元年から始まった市町村支援技術者養成事業委託事業「森林経営管理制度円滑化対策研修」において、私を含めた森林総合研究所の研究員が担当した講義「市町村森林経営管理事業のための森林施業」の内容を再構成したものです。研修の講義を通して、北海道から九州に至る多くの技術者の方から質問をいただき、いつかはこの内容をなんらかの形でまとめてみたいと思っていました。全国林業改良普及協会の本永剛士氏より、本書の企画をご提案いただいた時には、不安もありましたが、何とかこのような双書にまとめることができました。あらためて本永氏と編集に携わっていただいた関係者の皆様にお礼申し上げます。

本書で引用した成果の多くは、農林水産技術会議「新たな農林水産政策推進する実用技術開発事業」において実施された「広葉樹林化のための更新予測および誘導技術の開発」（平成19～23年度）および農林水産省「攻めの農林水産業の実現に向けた革新的技術緊急展開事業」（うち産学の英知を結集した革新的な技術体系の確立）（平成26～27年度）によって得られたものです。これら課題は、森林・林業に関わる都道府県の試験研究機関と大学等の協力のもと、故田内裕之博士、田中浩博士、正木隆博士の卓越したリーダーシップによってまとめられたものです。お三方はいずれも私の職位（森林植生研究領域長）の経験者でもあり、その意味でも先輩方の成果をごく一部だけでもこのような形でまとめることができ、少しは職責を果たせたのではないかと感じています。

国内の森林・林業を取り巻く環境は、決して明るくありません。私は、仕事の一環として、東南アジアや南米の森林を見る機会に恵まれましたが、あらためて日本は森林に恵まれた国だと思います。われわれ森林・林業に携わる者として、日本の豊かな森を後世に残すためにもできることから取り組んで行くべきです。本書の内容は森林を管理する上でごく一部の技術的要素を取り扱ったにすぎませんが、この小さな一歩が明日に動き出すきっかけになれば、著者としてこれ以上の喜びはありません。

佐藤　保

参考文献

Abe S, Masaki T, Nakashizuka T (1995) Factors influencing sapling composition in canopy gaps of a temperate deciduous forest. Vegetatio 120: 21-32

藤森隆郎（２００６）森林生態学．持続可能な管理の基礎．全国林業改良普及協会

花田尚子・渋谷正人・斎藤秀之・高橋邦秀（２００６）カラマツ人工林内における広葉樹の更新過程．日本森林学会誌88：1-7

Hirata A, Sakai T, Takahashi K, Sato T, Tanouchi H, Sugita H, Tanaka H (2011) Effects of management, environment and landscape conditions on establishment of hardwood seedlings and saplings in central Japanese coniferous plantations. Forest Ecology and Management 262: 1280-1288

伊東宏樹・中西敦史・津山幾太郎・関剛・倉本惠生・飯田滋生・石橋聰（２０１９）トドマツ人工林伐採後の地がき施業によるカンバ等の更新への効果．森林総合研究所研究報告18：３５５-３６８

岩切康二・伊藤哲・光田靖・平田令子（２０１９）異なる間伐手法がヒノキ人工林の下層植生の衰退および回復に与える短期的影響．植生学会誌，36：43-59

片岡寛純（１９９１）望ましいブナ林の取り扱い方法．（ブナ林の自然環境と保全．村井宏・山谷孝一・片岡寛純・

由井正敏編，ソフトサイエンス社）．351-394

小池孝良・中静透（2004）樹冠樹の共存機構．（樹木生理生態学．小池孝良編，朝倉書店）．29-36

國井大輔（2016）農業・農村の多面的機能と生態系サービスの定義と評価手法に関する整理．農林水産政策研究25：35-55．

前田禎三（1988）ブナの更新特性と天然更新技術に関する研究．宇都宮大学農学部学術報告特輯46：1-79

蒔田明史（2013）ササの不思議な生活史―開花習性を中心に―．森林科学69：4-8

正木隆・佐藤保・杉田久志・田中信行・八木橋勉・小川みふゆ・田内裕之・田中浩（2012）広葉樹の天然更新完了基準に関する一考察　―苗場山ブナ天然更新試験地のデータから―．日本森林学会誌94：17-23

Masaki T, Nakashizuka T, Niiyama K, Tanaka H, Iida S, Bullock JM, Naoe S (2019) Impact of the spatial uncertainty of seed dispersal on tree colonization dynamics in a temperate forest. Oikos 105: 1792-1801

野々田秀一・渋谷正人・斎藤秀之・石橋聰・高橋正義（2008）トドマツ人工林への広葉樹の侵入および成長過程と間伐の影響．日本森林学会誌90：103-110

岡本透（2018）2017年のスズタケの一斉開花―六甲山の場合―．森林総合研究所関西支所研究情報129：1-2

林野庁（2020）森林総合監理士（フォレスター）基本テキスト．林野庁

林野庁編（２０２０）令和2年版 森林・林業白書．全国林業改良普及協会

林野庁保護対策室（２０１２）森林における鳥獣被害対策のためのガイド．林野庁

桜井尚武（１９９６）天然林施業．（ニューフォレスターズ・ガイド．全国林業改良普及協会編，全国林業改良普及協会）

Seiwa K, Etoh Y, Hisita M, Masaka K, Imaji A, Ueno N, Hasegawa Y, Konno M, Kanno H, Kimura M (2012) Roles of thinning intensity in hardwood recruitment and diversity in a conifer, Cryptomeria japonica plantation: A 5-year demographic study. Forest Ecology and Management 269: 77-187

Shibata M, Masaki T, Yagihashi T, Shimada T, Saitoh, T（2020）Decadal changes in masting behaviour of oak trees with rising temperature. Journal of Ecology 108（3）: 1088-1100

森林総合研究所（２０１０）広葉樹林化ハンドブック２０１０．森林総合研究所

森林総合研究所（２０１１）広葉樹の種苗の移動に関する遺伝的ガイドライン．森林総合研究所

森林総合研究所（２０１２）広葉樹林化ハンドブック２０１２．森林総合研究所

森林総合研究所（２０１６）広葉樹林化技術．森林総合研究所（http://www.ffpri.affrc.go.jp/labs/bl_pro_1/taikeika/seika1.pdf）

Spake S, Yanou S, Yamaura Y, Kawamura K, Kitayama K, Doncaster CP (2019) Meta-analysis of management effects on biodiversity in plantation and secondary forests of Japan. Conservation Science and Practice 1 (3): e14

杉田久志・金指達郎・正木隆（２００６）ブナ皆伐母樹保残法施業試験地における33年後，54年後の更新状況—東北地方の落葉低木型林床ブナ林における事例—．日本森林学会誌88：４５６-４６４

杉田久志・高橋誠・島谷健一郎（２００９）八甲田ブナ施業指標林のブナ天然更新施業における前更更新の重要性．日本森林学会誌91：３８２-３９０

鈴木和次郎（２００１）聖域なき構造改革時代の極私的森林施業論．林業技術７１５：２-６

鈴木和次郎・須崎智応・奥村忠充・池田伸（２００５）高齢級化に伴うヒノキ人工林の発達様式．日本森林学会誌87：27-35

武田久義（１９８８）林業経営とリスクマネジメント(2)．桃山学院経営経済論集30(3)：61-85

谷本丈夫（１９９０）広葉樹施業の生態学．創文

TEEB (2010) The Economics of Ecosystems and Biodiversity Ecological and Economic Foundations. Edited by Pushpam Kumar. Earthscan, London and Washington

Utsugi E, Kanno H, Ueno N, Tomita M, Saitoh T, Kimura M, Kanou K, Seiwa K (2006) Hardwood recruitment into conifer plantations in Japan: Effects of thinning and distance from neighboring hardwood forests. Forest

Ecology and Management 237 (1-3): 15-28
山川博美・伊藤哲・中尾登志雄（2013）照葉樹二次林に隣接する伐採地における6年間の種子散布．日本生態学会誌63：219-228
山科健二（1979）森林収穫調整における保続性原則に関する基礎的研究．島根大学農学部研究報告13：33-39
安田喜憲（1997）東西の神話にみる森のこころ．日本研究：国際日本文化研究センター紀要16：101-123．
全国森林組合連合会（2016）森林施業プランナーテキスト改訂版．森林施業プランナー協会
全国提案型施業定着化促進部会（2016）提案型集約化施業テキスト．全国森林組合連合会

用語集（用語の最後の数字は、参考とした文献を表す）

育成単層林

森林を構成する樹木の全部または大部分を一度に伐採し、その後一斉に植林を行うこと等により、年齢や高さのほぼ等しい樹木から構成される森林（単層林）を造成する森林づくりの方法。 1

育成複層林

森林を構成する樹木を部分的に伐採し、その後植林を行うこと等により、年齢や高さの異なる樹木から構成される森林（複層林）を造成する森林づくりの方法。 1

皆伐

森林を構成する林木の一定のまとまりを一度に全部伐採する方法。 1

刈り出し

天然更新において、更新樹（目的樹種）を覆った植生を除去し、更新樹にその成長に適した生育空間を与えること。 3

間伐

育てようとする樹木の成育空間を十分に確保するために、林の混み具合に応じて残す木と伐る木を選木して、一部の樹木を伐採すること。❶

間伐率

間伐強度の基準、間伐して伐る樹木の割合をいう。間伐率では、本数率と材積率がよく使われるが、本数率には間伐木のサイズの概念が含まれておらず、間伐強度について本質的に意味があるのは材積率である。

ギャップ種

ギャップと呼ばれる上層林冠に開いた明るい環境のもとで生育する種を指す。ギャップは、上層林冠を構成している樹木個体が巣木または群状に倒れたり、折れたりすることで生じる。

渓畔林

渓流沿いに成立する森林で、一般的に上流域の狭い谷底や隣接する斜面にあるもの。河川への土砂・物質流入の緩衝帯、さまざまな動植物種の生息箇所となるなど、渓畔林の機能は多岐にわたっている。

地がき
更新補助作業のひとつで、地表の有機物を適度に掻き払う作業。地がきを行うと芽生えが生存しやすくなる。 4

樹冠
1本の木の枝葉の広がりの部分。その広がりの形が冠のように見えることから樹冠という。

主伐
更新または更新準備のために行う伐採、もしくは複数の樹冠層を有する森林における上層木の全面的な伐採。 1

植生
ある場所に成育している植物の集団全体のこと。 4

除伐
育てようとする樹木の生育を妨げる他の樹木を刈り払う作業。一般に、下刈を終了してから、植栽木の枝葉が茂り、互いに接し合う状態になるまでの間に数回行われる。 1

針広混交林

針葉樹と広葉樹が混在する森林のこと。

森林・林業基本計画

政府が森林・林業基本法第11条第1項の規定に基づき策定する長期的計画。森林の有する多面的機能を高度に発揮させるため，森林資源整備，森林施業の各目標とその達成の方法が定められている。また林産物の供給及び利用について10年後の需給の見通しが行われている。**2**

施業

伐採・造林・保育のように、人間が目的を持って継続的に森林に働きかけることをいう。地ごしらえ、植栽・下刈り・除伐・つる切りなどは、施業（造林）における個別の「作業」となる。

相対的光強度

照度計で林内の明るさを測り、同時に裸地でも明るさを測って、比較して相対照度として表す。林外の明るさを100%として、林内の明るさを表現する方法。

択伐
主伐の1つの方法。木材として利用できる大きさになった樹木を、おおむね30%以内の伐採率で部分的に伐採する方法。**2**

地位
林地の材積生産力を示す指数で、気候、地勢、土壌条件等の地況因子が総合化されたもの。地位指数調査結果に基づくもので、上、中、下の3等級区分で表示する。**2**

蓄積
樹木の幹の部分の体積（材積）であり、個体もしくは面積あたりの値で表される。

稚樹
種子から芽生えた実生や切り株から再生した萌芽（ひこばえ）が成長した樹木。更新の初期段階にある。

天然更新
植林等の人為によらずに森林の造成を行うこと。自然に落ちた種子の発芽や樹木の根株からの萌芽等によるものである。必要に応じて、ササ類の除去等の人手を補助的に加えることもある。**1**

二次林

自然、人為の如何を問わず、何らかの原因により植生が強く攪乱された後に成立した二次遷移（前代から残された土壌の上でスタートした遷移）の途中にある森林のこと。**2**

複層林化

年齢や樹種の異なる樹木で構成された森林（複層林）を人為により造成するため，森林を構成する樹木を部分的に伐採し，その後に更新を図ること。

目標林型

目標とする森林の構造であり、目標とする森林の型である。長期的な森づくりの指針を得るためには、「目標とする森林の姿」を描き、それに向けた森林の管理計画や施業計画が必要である。**5**

林床

森林の地床面。

林班
大字や天然地形等により、面積がおおむね50ha程度となるように設けられた固定的な森林区画の単位。市町村ごとに市町村の片隅からアラビア数字により連続番号で示される。**2**

林分
樹木の種類とその大きさや密度（構造）がほぼ一様な樹木の集団と、それらが成育しているひとかたまりの林地の呼称。**4**

参考とした文献

1 関東森林管理局「主な林業用語の解説」
https://www.rinya.maff.go.jp/kanto/gizyutu/yougonokaisetu1.html

2 茨城県「森林・林業用語の解説」
https://www.pref.ibaraki.jp/soshiki/nourinsuisan/rinsei/documents/ringyouyougo.pdf

3 藤森隆郎（２０１２）「森づくりの心得 森林のしくみから施業・管理・ビジョンまで」全国林業改良普及協会

4 藤森隆郎（２００３）「新たな森林管理—持続可能な社会に向けて」全国林業改良普及協会

5 藤森隆郎（２０１０）「林業改良普及双書№１６３ 間伐と目標林型を考える」全国林業改良普及協会

本書の著者

佐藤 保 **さとう たもつ**

栃木県生まれ。

国立研究開発法人森林研究・整備機構森林総合研究所森林植生研究領域長。博士（農学）。

1990年宇都宮大学農学部林学科を卒業後、森林総合研究所に入所。同研究所九州支所、環境省地球環境局研究調査室室長補佐、森林総合研究所森林植生研究領域植生管理研究室長、同領域群落動態研究室長を経て、2017年より現職。

専門は森林生態学。研究テーマは、照葉樹林の攪乱後の森林動態、熱帯林の炭素動態、熱帯林での炭素蓄積量推定手法の開発など。

針広混交林を目指す
市町村森林経営管理の施業

2021年2月5日　初版発行

著　者 —— 佐藤 保
発行者 —— 中山 聡
発行所 —— 全国林業改良普及協会
〒107-0052 東京都港区赤坂1-9-13 三会堂ビル
電 話　03-3583-8461
FAX　03-3583-8465
注文FAX　03-3584-9126
H P　http://www. ringyou. or. jp/

装　幀 —— 野沢 清子
印刷・製本 — 松尾印刷株式会社

ISBN978-4-88138-397-1

一般社団法人 全国林業改良普及協会（全林協）は、会員である都道府県の林業改良普及協会（一部山林協会等含む）と連携・協力して、出版をはじめとした森林・林業に関する情報発信および普及に取り組んでいます。
全林協の月刊「林業新知識」、月刊「現代林業」、単行本は、下記で紹介している協会からも購入いただけます。
http://www.ringyou.or.jp/about/organization.html
〈都道府県の林業改良普及協会（一部山林協会等含む）一覧〉